Pesquisas em Ensino de Matemática:

contributos e possibilidades para a Formação Docente

Conselho Editorial da LF Editorial

Amílcar Pinto Martins - Universidade Aberta de Portugal

Arthur Belford Powell - Rutgers University, Newark, USA

Carlos Aldemir Farias da Silva - Universidade Federal do Pará

Emmánuel Lizcano Fernandes - UNED, Madri

Iran Abreu Mendes - Universidade Federal do Pará

José D'Assunção Barros - Universidade Federal Rural do Rio de Janeiro

Luis Radford - Universidade Laurentienne, Canadá

Manoel de Campos Almeida - Pontifícia Universidade Católica do Paraná

Maria Aparecida Viggiani Bicudo - Universidade Estadual Paulista - UNESP/Rio Claro

Maria da Conceição Xavier de Almeida - Universidade Federal do Rio Grande do Norte

Maria do Socorro de Sousa - Universidade Federal do Ceará

Maria Luisa Oliveras - Universidade de Granada, Espanha

Maria Marly de Oliveira - Universidade Federal Rural de Pernambuco

Raquel Gonçalves-Maia - Universidade de Lisboa

Teresa Vergani - Universidade Aberta de Portugal

Ana Karine Portela Vasconcelos
Francisco Régis Vieira Alves
Renata Teófilo de Sousa
Rosalide Carvalho de Sousa

Organizadores

Pesquisas em Ensino de Matemática:

contributos e possibilidades para a Formação Docente

2024

Copyright © 2024 os organizadores
1ª Edição

Direção editorial: Victor Pereira Marinho e José Roberto Marinho

Capa: Fabrício Ribeiro
Projeto gráfico e diagramação: Fabrício Ribeiro

Edição revisada segundo o Novo Acordo Ortográfico da Língua Portuguesa

Dados Internacionais de Catalogação na publicação (CIP)
(Câmara Brasileira do Livro, SP, Brasil)

Pesquisas em ensino de matemática: contributos e possibilidades para a formação docente / organização Ana Karine Portela Vasconcelos...[et al.]. – 1. ed. – São Paulo: LF Editorial, 2024.

Vários autores.
Outros organizadores: Ana karine Portela Vasconcelos, Francisco Régis Vieira Alves, Renata Teófilo de Sousa, Rosalide Carvalho de Sousa.
Bibliografia.
ISBN 978-65-5563-429-7

1. Matemática - Estudo e ensino 2. Matemática - Pesquisa - Metodologia 3. Professores - Formação I. Vasconcelos, Ana Karine Portela. II. Alves, Francisco Régis Vieira. III. Sousa, Renata Teófilo de. IV. Sousa, Rosalide Carvalho.

24-194277   CDD-510.7

Índices para catálogo sistemático:
1. Matemática: Estudo e ensino 510.7

Tábata Alves da Silva - Bibliotecária - CRB-8/9253

Todos os direitos reservados. Nenhuma parte desta obra poderá ser reproduzida sejam quais forem os meios empregados sem a permissão da Editora.
Aos infratores aplicam-se as sanções previstas nos artigos 102, 104, 106 e 107 da Lei Nº 9.610, de 19 de fevereiro de 1998

LF Editorial
www.livrariadafisica.com.br
www.lfeditorial.com.br
(11) 2648-6666 | Loja do Instituto de Física da USP
(11) 3936-3413 | Editora

A Matemática pura é, à sua maneira, a
poesia das ideias lógicas.
(Albert Einstein)

PREFÁCIO

Escrever sobre pesquisa em Ensino de Matemática, quando aprofundamos a leitura, torna-se cada vez mais claro, guardando as devidas proporções, as suas complexas relações, suas contribuições e possibilidades para a Formação Docente. A proposição de construção deste *e-book* intitulado "Pesquisas em Ensino de Matemática: contributos e possibilidades para a Formação Docente" consegue agregar publicações no campo dos espaços formativos que dizem respeito aos professores, seja no campo de Formação de Professores que Ensinam Matemática, no desenvolvimento profissional, na Formação Inicial, na Formação Continuada, em relação ao saber, a aprendizagem, suas crenças e trajetórias de vida, dentre outras ideias.

Renata Passos Machado Vieira, Elen Viviani Pereira Spreafico, Paula Maria Machado Cruz Catarino, no capítulo 1, intitulado "O ESTADO DA ARTE DAS INTERPRETAÇÕES COMBINATÓRIAS DOS NÚMEROS DE PADOVAN", apresentam o estado da arte das interpretações combinatórias de Padovan, de abordagens combinatórias. Para este estudo, o percurso metodológico utilizado foi o levantamento bibliográfico. As autoras chegaram à conclusão que o estudo realizado aponta para a efetiva importância da disciplina História da Matemática na História da Matemática.

No capítulo 2, intitulado "ENGENHARIA DIDÁTICA PARA O ENSINO DOS QUATERNIONS DE LEONARDO: UMA ANÁLISE PRELIMINAR E *A PRIORI*", os autores Milena Carolina dos Santos Mangueira, Francisco Régis Vieira Alves e Paula Maria Machado Cruz Catarino, expõem um estudo sobre os quaternions de Leonardo e exploram seus teoremas, propriedades e identidades. Utilizam a Engenharia Didática como percurso metodológico, as duas primeiras fases, com o aporte teórico da Teoria da Situação Didática e construíram uma situação didática para os quaternions de Leonardo e os quaternions de Fibonacci, e a outra para fórmula de Binet. Como conclusão, os autores esperam que seja implementada na Formação Inicial situações didáticas para que estes estudantes possam experimentar esse estudo para construir conhecimento.

Tiago Tomé Lima, João Nunes de Araújo e Neto Francisco José de Lima escrevem o capítulo 3, intitulado "O PROGRAMA RESIDÊNCIA

PEDAGÓGICA COMO ESTRATÉGIA PARA A FORMAÇÃO DE PROFESSORES: AÇÕES FORMATIVAS, APRENDIZADOS E DESAFIOS NA LICENCIATURA EM MATEMÁTICA". Os autores analisam as contribuições do Programa Residência Pedagógica (PRP) para a formação inicial de Matemática, por meio das experiências no Instituto Federal de Educação, Ciência e Tecnologia do Ceará – *campus* Cedro e escolas parceiras onde realizam suas ações de residentes. Escolhem como percurso metodológico a abordagem qualitativa através do relatório final, palestras, webnário, mesa redonda, reuniões de formação, e preparação para inserção do residente no espaço escolar. Em suas conclusões, os autores consideram que os residentes tiveram contribuições positivas no PRP e destacam a superação de dificuldades diante da COVID-19 na relação entre o estudante e o(a) professor(a) em um ensino remoto e presencial, bem como a busca do equilíbrio entre a teoria e a prática e a prática docente.

O capítulo 4, intitulado "PROGRESSÕES GEOMÉTRICO-ARITMÉTICAS E O GEOGEBRA: UMA ABORDAGEM SOB A ÓPTICA DA ENGENHARIA DIDÁTICA E TEORIA DAS SITUAÇÕES DIDÁTICAS", escrito pelos autores Arnaldo Dias Ferreira, Maria José Costa dos Santos e Francisco Régis Vieira Alves, apresentam uma proposta didática para o ensino de Progressões Geométrico-Aritméticas (PGA) com o *software* GeoGebra para explorar tanto aspectos algébricos quanto geométricos, tomando como base a Teoria das Situações Didáticas (TSD). O percurso metodológico utilizado foi Engenharia Didática, nas fases análises preliminares e análise *a priori*. Os autores destacam a carência de abordagem e pouca literatura deste assunto no Ensino Médio, como a que foi encontrada é predominante na forma algébrica. Concluem que é necessário trabalhar na mesma perspectiva tratada no texto na formação inicial e continuada para melhoria do ensino e aprendizagem dos estudantes.

No capítulo 5, os autores Carla Patrícia Souza Rodrigues Pinheiro, Ulisses Lima Parente e Diego da Silva Pinheiro escrevem o artigo "ENGENHARIA DIDÁTICA: UMA EXPERIÊNCIA DE VISUALIZAÇÃO GEOMÉTRICA PARA A SEQUÊNCIA DE MERSENNE COM O APORTE DO GEOGEBRA", recorte da dissertação de mestrado da primeira autora. O objetivo deste texto foi apresentar o desenvolvimento da prática de ensino da visualização geométrica da sequência de Mersenne com aporte do *software* GeoGebra, e da Teoria de Situações Didáticas. Utilizaram como aporte metodológico a Engenharia Didática em um curso de Licenciatura em Matemática no Instituto Federal de Educação, Ciências e Tecnologia do Ceará, com quatro estudantes matriculados na disciplina da História da Matemática. Os autores, em sua conclusão, validam definições exploradas no processo matemático da sequência de Mersenne.

Edmilson Santos de Oliveira Júnior e Marluce Alves dos Santos escrevem o capítulo 6 sobre "O CASO DOS NÚMEROS DECIMAIS: UMA SEQUÊNCIA DIDÁTICA", para tratar sobre a Teoria das Situações Didáticas (TSD) e o Estágio Supervisionado de Matemática, disciplinas obrigatórias na Licenciatura em Matemática DEDCVIII, como espaço de elaboração de desenvolvimento de epistemologia da prática, ao realizar um projeto "compra no supermercado" de intervenção sobre Números Decimais. A proposição metodológica qualitativa com a criação de um projeto de intervenção com situação real e foi construída uma sequência didática para uma turma do 6º ano de uma escola pública da cidade de Paulo Afonso (BA). Os autores concluíram que o uso da TSD e a disciplina ESM em turmas do ensino fundamental pode se constituir em um espaço de elaboração de conhecimento em relação ao conteúdo matemático e a presença da matemática no seu cotidiano.

No capítulo 7, que versa sobre "TRANSFORMAÇÕES GEOMÉTRICAS E O GEOGEBRA: UMA ARTICULAÇÃO ENTRE OS ASPECTOS ALGÉBRICOS E GEOMÉTRICOS A PARTIR DE ITENS DO ENEM", as autoras Renata Teófilo de Sousa e Ana Paula Florêncio Aires abordam sobre avaliação de larga escala e a recorrência do tópico de transformações geométricas em que pese a abordagem superficial nos livros didáticos. Nesse sentido, as autoras apresentam uma proposta didática para viabilizar a visualização das transformações geométricas com o aporte do *software* GeoGebra. O aporte metodológico foi a Engenharia Didática nas duas primeiras fases. Intentam construir atividades com conceitos abordados para experimentar no Ensino Médio.

Rosalide Carvalho de Sousa, Francisco Régis Vieira Alves e Daniel Brandão Menezes escrevem o capítulo 8, intitulado "TEORIA DAS SITUAÇÕES DIDÁTICAS E GEOGEBRA: UMA PROPOSTA PARA O ENSINO DE GEOMETRIA ESPACIAL". O objetivo do artigo é apresentar uma proposta didática, como recurso didático para o professor sobre

Teoria das Situações Didáticas (TSD) e modelagem pelo *software* GeoGebra de um problema selecionado do Exame Nacional do Ensino Médio. O percurso metodológico utilizado foi a Engenharia Didática nas duas primeiras fases. Concluíram que uma atividade modelada com visualização favorece a compreensão de conceitos geométricos, contribuindo com o desenvolvimento profissional do professor de matemática.

No capítulo "NÃO ENSINAMOS DIDÁTICA, MAS SOMOS ORIENTADOS PELAS REFLEXÕES PROVOCADAS POR ELA: CONCEPÇÕES DOCENTES SOBRE A DISCIPLINA DE DIDÁTICA NA FORMAÇÃO INICIAL DE PROFESSORES DE MATEMÁTICA", dos autores Andreia Gonçalves da Silva, Francisco José de Lima e João Nunes de Araújo Neto, o texto aborda sobre as concepções de professores formadores, didática, e a aprendizagem da docência, com o percurso metodológico qualitativo, estudo de caso, com cinco professores de uma Instituição de Ensino Superior do interior do Ceará. Concluíram que os professores reconhecem que a disciplina didática contribui para a formação inicial, tanto para o desenvolvimento das atividades de ensino quanto para repensar suas concepções sobre a docência.

Francisca Narla Matias Mororó, Francisca Cláudia Fernandes Fontenele e Roger Oliveira Sousa escrevem o artigo sobre "SITUAÇÃO DIDÁTICA PROFISSIONAL (SDP): UM ARCABOUÇO TEÓRICO-PRÁTICO NA FORMAÇÃO DO PROFESSOR DE MATEMÁTICA". Os autores trabalham a Situação Didática Profissional (SDP) no que compete à formação profissional em relação a Teoria das Situações Didáticas. O percurso utilizado foi a pesquisa bibliográfica. Concluem que a utilização da SDP potencializa a formação docente.

No capítulo 11, "GEOGEBRA APLICADO À RESOLUÇÃO DE PROBLEMAS OLÍMPICOS NA PERSPECTIVA DA TEORIA DAS SITUAÇÕES DIDÁTICAS", de Paulo Vítor da Silva Santiago, o autor apresenta uma pesquisa extraída da Olimpíada Internacional de Matemática, de Geometria Plana, com o aporte da Teoria das Situações Didáticas. O percurso metodológico adotado foi de natureza qualitativa, do tipo exploratória, em que foi desenvolvida uma sequência didática. O autor enfatiza o uso do *software* GeoGebra como ferramenta digital para a elaboração de exemplos matemáticos e resolução de situações-problema em Geometria Plana. Este *software* foi um recurso valioso no desenvolvimento da solução, proporcionando o desencadeamento de ideias e habilidades cognitivas na resolução da situação proposta pode o incentivar o docente ao uso do *software* GeoGebra, viabilizando a aprendizagem dos estudantes estimulando diferentes formas de raciocínio matemático.

Roberto da Rocha Miranda, José Rogério Santana e Maria José Costa dos Santos escrevem o capítulo 12, "MATERIAIS MANIPULÁVEIS PARA O ENSINO DE GEOMETRIA: APLICAÇÕES DA SEQUÊNCIA FEDATHI". Os autores discutem sobre a demonstração do Teorema de Pitágoras por meio de uma proposta didática da Sequência Fedathi, com materiais manipuláveis, associado ao uso de quadrinhos o *software* GeoGebra para o ensino de Geometria. O percurso metodológico utilizado foi a abordagem qualitativa. Concluíram que houve mobilização de conhecimento prévios por parte dos estudantes do 3º ano do Ensino Médio.

No capítulo 13 sobre "VIVÊNCIAS E CONVIVÊNCIAS DE *LESSON STUDY*: PRÁTICAS DE CÁLCULO DIFERENCIAL PARA PESSOAS COM DEFICIÊNCIA, de Jorge Carvalho Brandão, Josiane Silva dos Reis e Juscelandia Machado Vasconcelos, os autores apresentam uma análise das vivências do *Lesson Study* com estudantes com necessidades especiais – baixa visão e um com Transtorno de Espectro Autista – em uma universidade federal, na disciplina de Cálculo Diferencial I. Para este fim, os autores utilizaram a Aprendizagem Baseada em Problemas (ABP), o método Van Hiele. A pesquisa está em desenvolvimento e visa comprovar se as estratégias geram significado, se ocorreu uma transmissão, se foram determinados saberes de docentes para discentes e vice-versa.

Finalmente, os artigos acima delineados no *e-book* visam ofertar à comunidade de pesquisadores iniciais e experientes concepções, experiências, interpretações e múltiplos olhares ao processo formativo da docência.

Boa leitura.

Prof Drª Marluce Alves dos Santos
Universidade do Estado da Bahia - UNEB DEDC, Campus VIII
Líder do Grupo de Estudos e Pesquisa em
Educação Matemática e Contemporaneidade – EduMatCon.

SUMÁRIO

1. O estado da arte das interpretações combinatórias dos números de Padovan 17

Renata Passos Machado Vieira
Elen Viviani Pereira Spreafico
Paula Maria Machado Cruz Catarino

2. Engenharia didática para o ensino dos Quatérnions de Leonardo: análises preliminares e *a priori* 29

Milena Carolina dos Santos Mangueira
Francisco Régis Vieira Alves
Paula Maria Machado Cruz Catarino

3. O Programa Residência Pedagógica como estratégia para a formação de professores: reflexões sobre ações formativas, aprendizados e desafios em um núcleo de Matemática 45

Tiago Tomé Lima
João Nunes de Araújo Neto
Francisco José de Lima

4. Progressões Geométrico-Aritméticas e o Geogebra: uma abordagem sob a óptica da Engenharia Didática e Teoria das Situações Didáticas 61

Arnaldo Dias Ferreira
Maria José Costa dos Santos
Francisco Régis Vieira Alves

5. Engenharia Didática: uma experiência de visualização geométrica para a Sequência de Mersenne com o aporte do Geogebra 79

Carla Patrícia Souza Rodrigues Pinheiro
Ulisses Lima Parente
Diego da Silva Pinheiro

6. Sobre a construção de significados dos números decimais 97

Edmilson Santos de Oliveira Júnior
Marluce Alves dos Santos

7. Transformações geométricas e o Geogebra: uma articulação entre os aspectos algébricos e geométricos a partir de itens do ENEM 111

Renata Teófilo de Sousa
Ana Paula Aires

8. Teoria das Situações Didáticas e Geogebra: uma proposta para o ensino de Geometria Espacial..............127

Rosalide Carvalho de Sousa
Francisco Régis Vieira Alves
Daniel Brandão Menezes

9. Não ensinamos Didática, mas somos orientados pelas reflexões provocadas por ela: concepções docentes sobre a disciplina de Didática na Formação Inicial de Professores de Matemática..............143

Andreia Gonçalves da Silva
Francisco José de Lima
João Nunes de Araújo Neto

10. Situação Didática Profissional (SDP): um arcabouço teórico-prático na formação do professor de Matemática..............167

Francisca Narla Matias Mororó
Francisca Cláudia Fernandes Fontenele

11. Geogebra aplicado à resolução de problemas olímpicos na perspectiva da Teoria das Situações Didáticas..............183

Paulo Vítor da Silva Santiago
Roger Oliveira Sousa

12. Materiais manipuláveis para o ensino de Geometria: aplicações da Sequência Fedathi 199

Roberto da Rocha Miranda
José Rogério Santana
Maria José Costa dos Santos

13. Vivências e convivências de *Lesson Study*: práticas de Cálculo
Diferencial para pessoas com deficiência..213

Jorge Carvalho Brandão
Josiane Silva dos Reis
Juscelandia Machado Vasconcelos

Posfácio 227

Os autores...229

CAPÍTULO 1

O ESTADO DA ARTE DAS INTERPRETAÇÕES COMBINATÓRIAS DOS NÚMEROS DE PADOVAN

Renata Passos Machado Vieira
Elen Viviani Pereira Spreafico
Paula Maria Machado Cruz Catarino

Resumo

O presente estudo realiza o estado da arte das interpretações combinatórias de Padovan, permitindo uma investigação desses números diante de abordagens combinatórias. Desse modo, foram realizados levantamentos bibliográficos em torno dessas abordagens via ladrilhamentos, com o objetivo de apresentar ao leitor novas formas de visualização dos números pertencentes à sequência de Padovan. A motivação dessa pesquisa deu-se pelo surgimento de novas interpretações combinatórias referentes à sequência de Fibonacci. Diante disso, foram investigadas distintas formas de visualização em torno dos números de Padovan, por apresentarem parentesco com os números de Fibonacci. Para trabalhos futuros, espera-se a aplicação desse estudo em cursos de formação inicial de professores, associando a História da Matemática e o ensino de sequências numéricas recorrentes.

Palavras-chave: Modelo combinatório. Sequência de Fibonacci. Sequência de Padovan.

INTRODUÇÃO

Iniciando os estudos em torno da História da Matemática, especificamente no conteúdo de sequências lineares, pode-se constatar inúmeros avanços na pesquisa, envolvendo distintas formas de abordagens e generalizações (LAGRANGE, 2013). Assim, destaca-se a sequência de Fibonacci e a sua relação de recorrência $F_n = F_{n-1} + F_{n-2}, n \geq 2$, com valores iniciais $F_0 = 0, F_1 = 1$, que proporciona diversas abordagens e formas de visualização na área de Combinatória.

Benjamin e Quinn (2003) e Koshy (2001) realizaram estudos envolvendo interpretações combinatórias para a sequência de Fibonacci, a partir da noção de tabuleiro. Diante disso, outras interpretações combinatórias foram desenvolvidas, avançando a investigação para outras sequências lineares (KOSHY, 2014).

A abordagem combinatória de uma sequência linear é uma forma de visualização dos termos desses números, permitindo uma integração entre o conteúdo de Análise Combinatória com Sequências. Com isso, pesquisas contemporâneas vêm sendo realizadas em torno deste assunto, contemplando uma evolução na área.

Além disso, observa-se ainda que existem sequências numéricas que são desconsideradas por parte de autores de livros de História da Matemática, a partir da utilização de formas generalizadas e inesperadas de tabuleiros. A exemplo disso, tem-se a sequência de Padovan, encontrada com maior frequência na literatura somente na forma de artigos publicados em periódicos.

Por outro lado, pesquisas que abordam o estado da arte estão sendo realizadas atualmente, sendo desafiadas a mapear e discutir uma determinada produção acadêmica em torno de um assunto selecionado no campo do conhecimento (FERREIRA, 2022). Romanowski e Ens (2006) relatam ainda que:

> Estados da arte podem significar uma contribuição importante na constituição do campo teórico de uma área de conhecimento, pois procuram identificar os aportes significativos da construção da teoria e prática pedagógica, apontar as restrições sobre o campo em que se move a pesquisa, as suas lacunas de disseminação, identificar experiências inovadoras investigadas que apontem alternativas de solução para os problemas da prática e reconhecer as contribuições da pesquisa na constituição de propostas na área focalizada (ROMANOWSKI; ENS, 2006, p. 39).

Tão logo, essa pesquisa envolve o estado da arte da abordagem combinatória da sequência de Padovan, vislumbrando a sua perspectiva histórico-matemática e evolutiva, evidenciando a origem e desenvolvimento desses números.

O ESTADO DA ARTE DOS MODELOS COMBINATÓRIOS DE PADOVAN

O estado da arte desta pesquisa tem por necessidade e relevância apresentar a essência do título, temática, objetivo e discussão dos modelos estabelecidos, sendo expostos no decorrer desta investigação.

Esse tipo de trabalho consiste em uma pesquisa relevante e desafiadora, diante da realização de inúmeras formas de investigação, análise e descobertas. Não obstante, o seu desenvolvimento revela-se de modo complexo e abrangente, uma vez que a quantidade de pesquisas elaboradas e publicadas possuem uma vasta modificação, dadas as distintas fontes de informações. Ferreira (2002) relata, em relação aos pesquisadores, que:

> Sustentados e movidos pelo desafio de conhecer o já construído e produzido para depois buscar o que ainda não foi feito, de dedicar cada vez mais atenção a um número considerável de pesquisas realizadas de difícil acesso, de dar conta de determinado saber que se avoluma cada vez mais rapidamente e de divulgá-lo para a sociedade, todos esses pesquisadores trazem em comum a opção metodológica, por se construírem pesquisas de levantamento e de avaliação do conhecimento sobre determinado tema (FERREIRA, 2002, p. 259).

De acordo com a ideia, foi realizado um levantamento bibliográfico, com o viés de identificar os trabalhos que permitem uma discussão das abordagens combinatórias da sequência de Padovan, via ladrilhamentos.

Para isso, realizou-se uma busca nas plataformas Google Acadêmico, Periódicos da Coordenação de Aperfeiçoamento de Pessoal de Nível Superior (Capes), ScieLo e Springer, visando identificar e selecionar os trabalhos que abordam temática. A partir desse levantamento, foi possível obter apenas 2 trabalhos selecionados, utilizando as *strings Padovan Sequence AND Combinatorics*.

Inicialmente foram encontrados 104 trabalhos nos últimos 05 anos, porém com a varredura, muitos foram descartados, visto que o objetivo eram artigos que utilizassem a abordagem combinatória via ladrilhamentos. Dessa maneira, foi possível ler os títulos e resumos das pesquisas, onde apenas 02 trabalhos atendiam aos critérios desta pesquisa, sendo estes intitulados: *Combinatorial identities for the Padovan numbers* e *Combinatorial interpretation of numbers in the generalized Padovan sequence and some of its extensions.*

O primeiro trabalho tem como autoria Tedford, sendo publicado em 2019 no periódico *The Fibonacci Quarterly.* O segundo trabalho, de autoria de Vieira, Alves e Catarino foi publicado no periódico *Axioms* em 2022. É importante notar que não foram encontrados trabalhos em português. Doravante, serão discutidos os modelos adotados nas pesquisas selecionadas, vislumbrando a visualização e obtenção dos termos da sequência de Padovan, diante das respectivas abordagens combinatórias.

OS MODELOS COMBINATÓRIOS

Antes de tudo, é importante relembrar alguns aspectos referentes à sequência de Padovan. Assim, tem-se que esta é uma sequência linear, de terceira ordem, dada pela relação de recorrência $P_n = P_{n-2} + P_{n-3}, n \geq 3$, com os valores iniciais $P_0 = P_1 = P_2 = 1$. Seus primeiros termos são apresentados na Tabela 1, calculados a partir da relação de recorrência dada e dos valores iniciais estabelecidos:

Tabela 1: Primeiros termos da sequência de Padovan.

P_0	P_1	P_2	P_3	P_4	P_5	P_6	P_7	P_8	P_9
1	1	1	2	2	3	4	5	7	9

Fonte: Elaborado pelos autores (2023).

Ao estudar o polinômio característico da sequência de Padovan, dado por $x^3 - x - 1 = 0$, observa-se a existência de três raízes: duas complexas e conjugadas e uma real. Ao desenvolver o determinado polinômio característico, calcula-se o valor aproximado da raiz real como 1,32. Assim, tem-se a relação existente entre a sequência com o número plástico (VIEIRA; ALVES; CATARINO, 2020).

A sequência de Padovan foi definida pelo arquiteto italiano Richard Padovan (1935). Porém, existem registros de que esses números foram estudados por Gérard Cordonnier e Hans Van der Laan, ao investigarem o número plástico. Em contrapartida, Yilmaz (2015) relata que a sequência de Padovan foi definida por Stewart (1996) como forma de homenagear Richard Padovan.

Estudados de forma primordial em 1924 pelo estudante de arquitetura francês Gérard Cordonnier (1907-1977), esses números também são conhecidos como sequência de Cordonnier. Porém, tais números foram remodelados e estudados pelo francês Hans Van der Laan (1904-1991), possuindo associação histórica entre Cordonnier, Padovan, Van Der Laan e Stewart. Vale destacar que Richard Padovan publicou em seu livro a sequência como sendo de Van der Laan (PADOVAN, 2002).

Baseado nisso, tem-se o estudo dos modelos combinatórios de Padovan, apresentando as abordagens combinatórias e discutindo-as, para entendimento do leitor, perante as interpretações e visualizações destes números. Tão logo, a partir do levantamento bibliográfico realizado, foram identificados apenas dois trabalhos que trazem a abordagem combinatória de Padovan via ladrilhamentos, sendo os estudos de Tedford (2019) e Vieira, Alves e Catarino (2022).

Tedford (2019) apresenta em seu trabalho uma interpretação combinatória para a sequência de Padovan via ladrilhamentos, definindo as seguintes peças: dominós cinzas, de tamanhos 1 x 2; e triminós brancos, de tamanhos 1 x 3. Dessa maneira, o autor define como P_n as formas de ladrilhar no tabuleiro de tamanho n. Assim, o teorema referente ao modelo combinatório de Padovan pode ser estabelecido, por:

$$p_n = P_{n-2}, n \geq 1.$$

A demonstração é realizada de forma a adentrar no conteúdo de Matemática Pura, identificando uma validação vaga para o entendimento do leitor. Para isso, seria interessante definir algumas variáveis de modo mais claro, para que a demonstração transcorresse de modo mais simples e de fácil entendimento.

Com isso, é possível obter os termos da sequência, montando as peças disponíveis e fazendo as devidas combinações possíveis. Para tanto, tem-se que para o caso de $n = 1$ não existe nenhuma situação visto que as peças possuem tamanhos 1 x 2 e 1 x 3; representando o caso de P_{-1} da sequência.

Para o caso de $n = 2$, existe somente uma situação: uma peça com o dominó cinza; representando o caso de P_0 da sequência. Para o caso de $n = 3$, existe somente uma situação: uma peça com o triminó branco; representando o caso de P_1 da sequência. Para o caso de $n = 4$, existe somente uma situação: uma peça com o dominó cinza concatenado com outra peça de dominó cinza; representando o caso de P_2 da sequência.

Para o caso de $n = 5$, existem duas situações: uma peça iniciando com o triminó branco e concatenada com o dominó cinza e, outra peça iniciando com o dominó cinza e concatenada com o triminó branco; representando o caso de P_3 da sequência. Para o caso de $n = 6$, existem duas situações: uma peça iniciando com o triminó branco e concatenada com outro triminó branco, outra peça iniciando com o dominó cinza e concatenada com dois outros dominós cinzas; representando o caso de P_4 da sequência.

Para o caso de $n = 7$, existem três situações: uma peça iniciando com o triminó branco e concatenada com dois dominós cinzas; uma peça iniciando com o dominó cinza e concatenada com um dominó cinza e um triminó branco, e; uma peça iniciando com o dominó cinza e concatenada com um triminó branco e com um dominó cinza; representando o caso de P_5 da sequência.

Para o caso de $n = 8$, existem quatro situações: uma peça iniciando com o dominó cinza e concatenada com dois triminós brancos; uma peça iniciando com o dominó cinza e concatenada com três dominós cinzas; uma peça iniciando com o triminó branco e concatenada com um triominó branco e com um dominó cinza, e; uma peça iniciando com um triminó branco e concatenada com um dominó cinza e com um triominó branco; representando o caso de P_6 da sequência.

Para o caso de $n = 9$, existem cinco situações: uma peça iniciando com o triminó branco e concatenada com três dominós cinzas; uma peça iniciando com o dominó cinza e concatenada com um dominó cinza, um triminó branco e um dominó cinza; uma peça iniciando com o triminó branco e concatenada com dois triminós brancos, uma peça iniciando com um dominó cinza e concatenada com dois dominós cinzas e um triminó branco, e; uma peça iniciando com um dominó cinza e concatenada com dois dominós cinzas; representando o caso de P_7 da sequência.

As peças são chamadas pelo autor de ladrilhos e os casos citados podem ser visualizados na Figura 1. É importante destacar que as formas de ladrilhar desenvolvidas, representam os números da sequência de Padovan, porém de forma atrasada. Esse fato é notado quando se calcula os ladrilhamentos para determinados valores de n e, obtêm-se um valor diferente desse n em relação à sua posição na sequência numérica.

Tedford (2019) realizou ainda o estudo de algumas identidades por meio do modelo combinatório estabelecido, permitindo uma outra forma de compreender teoremas matemáticos oriundos da área de Matemática Pura.

Vieira, Alves e Catarino (2022) estabeleceram um modelo combinatório para a sequência, gerando os seus termos de modo imediato, sem a consideração de atrasos. Com isso, os autores criaram a presença do quadrado preto de tamanho 1 x 1, além da definição da regra de configuração para a inserção dessa nova peça a ser manipulada. Assim, tem-se que o quadrado preto só pode ser inserido uma única vez e, quando inserido, somente no início da peça:

Figura 1: Ladrilhamentos de Padovan para casos iniciais.

Fonte: Elaborado pelos autores (2023).

Não obstante, os autores alteraram as cores das peças, existindo, portanto: quadrado preto de tamanho 1 x 1; dominó azul de tamanho 1 x 2 e triminó cinza de tamanho 1 x 3. Observa-se que a peça denominada de triminó por Tedford (2019), agora passa a ser denominada de triminó por Vieira, Alves e Catarino (2022).

Permanecendo com a nomenclatura de P_n como sendo as formas de ladrilhar no tabuleiro de tamanho n, o teorema referente ao modelo combinatório de Padovan é estabelecido, sendo dado por:

$$p_n = P_n, n \geq 0.$$

A demonstração realizada pelos autores aborda o conceito de conjuntos, permitindo um melhor entendimento do leitor, perante as discussões realizadas no artigo. Para tanto, tem-se a visualização dos números de Padovan por meio de ladrilhamentos, a partir das combinações das peças disponíveis para determinados valores de n.

Para $n = 0$, não existe nenhuma peça com determinado tamanho, e os autores atribuem uma bolinha, representando o P_0. Para $n = 1$ existe somente uma situação: o quadrado preto, representando o P_1. Para $n = 2$ existe somente uma situação: o dominó azul, representando o P_2.

Para $n = 3$, existem duas situações: uma peça iniciando com o quadrado preto e concatenada com o dominó azul e, uma outra peça com o triminó cinza, representando o P_3. Para $n = 4$, existem duas situações: uma peça iniciando com o quadrado preto e concatenada com o triminó cinza e, uma outra peça iniciando com o dominó azul e concatenada com outro dominó azul, representando o P_4.

Para $n = 5$ existem três situações: uma peça iniciando com o quadrado preto e concatenada com dois dominós azuis; uma outra peça iniciando com o triminó cinza e concatenada com um dominó azul, e; uma peça iniciando com o dominó azul e concatenada com o triminó cinza, representando o P_5.

Para $n = 6$ existem quatro situações: uma peça iniciando com o quadrado preto e concatenada com um triminó cinza e um dominó azul; uma outra peça iniciando com o quadrado preto e concatenada com o dominó azul e triminó cinza; uma peça iniciando com o triminó cinza e concatenada com outro triminó cinza, e; uma peça iniciando com o dominó azul e concatenada com dois dominós azuis, representando o P_6.

Para $n = 7$ existem cinco situações: uma peça iniciando com o quadrado preto e concatenada com dois triminós cinzas; uma outra peça iniciando com o quadrado preto e concatenada com três dominós azuis; uma peça iniciando com o triminó cinza e concatenada com dois dominós azuis; uma peça iniciando com o dominó azul e concatenada com outro dominó azul e um triminó cinza, e; uma peça iniciando com o dominó azul e concatenada com um triminó cinza e um dominó azul, representando o P_7

Para $n = 8$ existem sete situações: uma peça iniciando com o quadrado preto e concatenada com um triminó cinza e dois dominós azuis; uma outra peça iniciando com o quadrado preto e concatenada com dois dominós azuis e um triminó cinza, uma peça iniciando com o quadrado preto e concatenada com um dominó azul, triminó cinza e um dominó azul; uma peça iniciando com o dominó azul e concatenada com dois triminós cinzas; uma peça iniciando com o dominó azul e concatenada com três dominós azuis; uma peça iniciando com o triminó cinza e concatenada com outro triminó cinza e um dominó azul, e; uma peça iniciando com o triminó cinza e concatenada com o dominó azul e triminó cinza, representando o P_8.

A Figura 2 apresenta os ladrilhamentos de Padovan, perante a abordagem de Vieira, Alves e Catarino (2022) para os casos iniciais discutidos:

Figura 2: Ladrilhamentos de Padovan para casos iniciais (segunda abordagem).

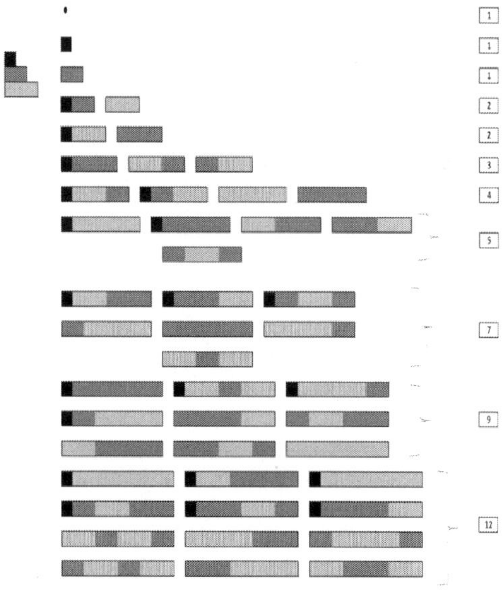

Fonte: Adaptado de Vieira, Alves e Catarino (2022).

Vieira, Alves e Catarino (2022) permitiram as abordagens combinatórias das extensões da sequência de Padovan, generalizando as interpretações combinatórias das sequências estendidas, perante sua ordem. Desse modo, foi possível visualizar os modelos combinatórios e discuti-los, partindo da sequência primitiva de Padovan, até a ordem z, denominada de sequência de *Z-dovan*.

CONSIDERAÇÕES FINAIS

A presente pesquisa realizou o estado da arte em torno da abordagem combinatória da sequência de Padovan, permitindo um estudo das formas de ladrilhar diante da noção de tabuleiro já definida por outros autores.

Com isso, foi possível visualizar os termos desta sequência, a partir dos teoremas definidos pelos autores, contribuindo para a evolução desses números. Tão logo, a pesquisa discutiu as abordagens combinatórias obtidas na literatura, comparando os métodos envolvidos e técnicas.

Os exemplos discutidos apresentam um vigor da pesquisa em torno de representações combinatórias de sequências, cuja tradição e pesquisa em vários países já acumula, pelo menos, duas décadas de estudos e consolidação da área.

Por fim, a partir do levantamento bibliográfico realizado, busca-se contribuir para o estudo da sequência de Padovan no âmbito da Combinatória, fornecendo um auxílio para estudiosos de História da Matemática e professores em formação na área de Matemática.

AGRADECIMENTOS

A parte de desenvolvimento da pesquisa no Brasil contou com o apoio financeiro do Conselho Nacional de Desenvolvimento Científico e Tecnológico (CNPq) e da Fundação Cearense de Apoio ao Desenvolvimento Científico e Tecnológico (FUNCAP).

A vertente de desenvolvimento da investigação em Portugal é financiada por Fundos Nacionais através da FCT - Fundação para a Ciência e Tecnologia. I. P, no âmbito do projeto UID / CED / 00194/2020.

REFERÊNCIAS

BENJAMIN, A. T; QUINN, J. J. **Proofs that really count: the art of combinatorial proof.** Washington, DC: Mathematical Association of America. Dolciani mathematical expositions, n. 27, 2003.

FERREIRA, N. S. de A. As pesquisas denominadas "estado da arte". **Revisão & Sinteses**, v. 23, n. 79, p. 257-272, 2002.

KOSHY, T. **Fibonacci and Lucas numbers with applications**. New York: Wiley, 2001.

KOSHY, T. **Pell and Pell-Lucas numbers with applications**. New York: Springer, 2014.

LAGRANGE, J. D. A combinatorial development of Fibonacci numbers in graph spectra. Linear **Algebra and Applications**, v. 438, n. 11, p. 4335-4347, 2013.

ROMANOWSKI, J. P.; ENS, R. T. As pesquisas denominadas do tipo "Estado da arte em Educação". **Diálogo Educação**, v. 6, n. 19, p. 37-50, 2006.

YILMAZ, N. **Padovan ve perrin sayilarinin matris temsilleri**. (Doctorat thesis). 2015. 117f. Tese (Doutorado) – Selçuk Üniversitesi Fen Bilimleri Enstitüsü, 2015.

PADOVAN, R. **Proportion: Science, Philosophy, Architecture**. [S. l.]: Taylor & Francis Grupo, 2002.

STEWART, I. Tales of a neglected number. **Mathematical Recreations - Scientific American**, v. 274, p. 102–103, 1996.

TEDFORD, S. J. Combinatorial identities for the Padovan numbers. **The Fibonacci Quarterly**, n. 57, p. 291–298, 2019.

VIEIRA, R. P. M.; ALVES, F. R. V.; CATARINO, P. M. M. C. Combinatorial interpretation of numbers in the generalized Padovan sequence and some of its extensions. **Axioms**, v. 11, n. 11, p. 1–9, 2022.

VIEIRA, R. P. M.; ALVES, F. R. V.; CATARINO, P. M. M. C. A historic analysis is of the padovan sequence. **International Journal of Trends in Mathematics Education Research**, v. 3, n. 1, p. 8–12, 2020.

CAPÍTULO 2

ENGENHARIA DIDÁTICA PARA O ENSINO DOS QUATERNIONS DE LEONARDO: UMA ANÁLISE PRELIMINAR E *A PRIORI*

Milena Carolina dos Santos Mangueira
Francisco Regis Vieira Alves
Paula Maria Machado Cruz Catarino

Resumo

O presente trabalho tem como objetivo desenvolver um estudo acerca dos quaternions de Leonardo, a fim de explorar teoremas, propriedades e identidades pertinentes a estes números. Para isso, utilizamos como metodologia de pesquisa a Engenharia Didática, em suas duas primeiras fases, apoiada na Teoria das Situações Didáticas, para o desenvolvimento de uma proposta de ensino com duas situações didáticas sobre o referido tema. Utilizamos apenas as duas primeiras fases da Engenharia, dado o fato de que esta é uma pesquisa em andamento. A partir disso, em nossa análise *a priori* construímos duas situações didáticas em torno dos quaternions de Leonardo: a primeira referente à relação entre esses números e os quaternions de Fibonacci, e a segunda referente à fórmula de Binet. Essas situações foram amparadas pelas fases da Teoria das Situações Didáticas, em que foi realizada uma possível análise *a posteriori* e validação destas situações. Por fim, em uma perspectiva futura, pretende-se implementar estas situações didáticas em sala de aula, experimentando-as com estudantes da licenciatura em Matemática e realizando uma coleta e análise de dados.

Palavras-chave: Engenharia Didática. Teoria das Situações Didáticas. Sequência de Leonardo. Quaternions.

INTRODUÇÃO

No que se refere ao estudo das sequências lineares recursivas, os livros de História da Matemática (HM) abordam este conteúdo de forma superficial, não apresentando as diversas sequências existentes, limitando-se apenas à sequência de Fibonacci, criada por Leonardo Pisano (1180-1250). E mesmo abordando esta sequência, ela ainda é apresentada de forma incompleta, sem sua complexificação, tampouco sua generalização (ALVES; VIEIRA; CATARINO, 2020). Nesse sentido, na literatura da Matemática Pura, tem-se desenvolvido propriedades matemáticas, aprofundando-se na sequência de Fibonacci e, simultaneamente, explorando outras sequências provenientes desta, como a sequência de Leonardo.

A sequência de Leonardo é uma sequência linear, que vem sendo estudada a partir do trabalho de Catarino e Borges (2019), ao explorar a generalização e complexificação de seus números. Todavia, é uma sequência que não aparece nos livros de HM, limitando-se apenas a artigos científicos no campo da Matemática Pura. Com o intuito de realizar uma complexificação em torno dessa sequência, buscamos apresentar os quaternions de Leonardo como um resultado a partir da associação desta sequência e dos números quaternions.

O presente trabalho tem como objetivo desenvolver um estudo acerca dos quaternions de Leonardo, a fim de explorar teoremas, propriedades e identidades pertinentes a estes números.

Tendo em vista a obtenção do conhecimento em torno a sequência de Leonardo, utilizamos a como metodologia de pesquisa a Engenharia Didática (ED) (ARTIGUE; (1988), para organizar e sistematizar o conteúdo matemático. Como complementaridade, temos a Teoria das Situações Didáticas (TSD) (BROUSSEAU; 1986) para estruturar as situações didáticas que compõem a proposta de ensino deste trabalho.

Com isso, a partir das informações vistas anteriormente, tem-se a finalidade associar os dois conteúdos matemáticos e apresentar um estudo referente aos quaternions de Leonardo. Através de situações didáticas amparadas pelas fases da TSD e construídas ao longo das duas primeiras fases da ED.

Destaca-se que utilizamos apenas as duas primeiras fases da ED, uma vez que o trabalho é um estudo em andamento. Realizamos na análise preliminar um levantamento bibliográfico do conteúdo matemático e das teorias que embasam as situações didáticas de ensino, propostas em nossa análise *a priori*. Em uma continuação da pesquisa, pretende-se realizar a aplicação das situações para prosseguir com as duas últimas fases. Assim, aqui, trazemos uma perspectiva sobre o que se espera em uma possível análise *a posteriori* e validação.

REFERENCIAL TEÓRICO

Sequência de Leonardo

Sequências lineares e recursivas é um conteúdo matemático bastante explorado na Matemática Pura, devido a possibilidade de realizar a sua aplicabilidade em diversas áreas, tais como, Biologia, Química, Engenharia e outras. A sequência mais famosa é a sequência de Fibonacci, criada pelo matemático italiano Leonardo Pisano (1180-1250), a partir da problemática dos coelhos imortais. Porém, Alves *et al.* (2020) acreditam que Pisano criou também a sequência de Leonardo, devido a relação de recorrência destas sequências possuírem bastante similaridade, e por carregar o nome de Leonardo. Contudo, tal informação não é confirmada na literatura.

Matematicamente, Catarino e Borges (2019) apresentam a sequência de Leonardo como uma sequência de segunda ordem não homogênea, carregando como relação de recorrência:

$$Le_n = Le_{n-1} + Le_{n-2} + 1, n \geq 2$$

Sendo $Le_0 = Le_1 = 1$ os seus termos iniciais. Dessa forma, tem-se que os dez primeiros termos da sequência de Leonardo são dados por 1, 1, 3, 5, 9, 15, 25, 41, 67, 109. Catarino e Borges (2019) também apresentam uma outra relação de recorrência, definida por:

$$Le_n = 2Le_{n-1} - Le_{n-3}, n \geq 3$$

Os valores iniciais desta relação de recorrência foram mantidos iguais a 1, porém, com base nesta recorrência, a sequência passa a ser de terceira ordem homogênea, em que é possível encontrar uma relação matemática entre os números de Leonardo e os números de Fibonacci, dada por:

$$Le_n = 2F_{n+1} - 1.$$

A equação característica desta sequência é uma cúbica, representada algebricamente por:

$$x^3 - 2x + 1 = 0$$

Esta equação possui três raízes reais, que são iguais a: $x_1 = \dfrac{1+\sqrt{5}}{5}$, $x_2 = \dfrac{1-\sqrt{5}}{5}$ e $x_3 = 1$. Uma das raízes possui o valor aproximado de 1,61, mais conhecido como o número de ouro.

Esta sequência vem sendo bastante explorada nos últimos anos, o que torna possível encontrar na literatura as generalizações, complexificações e hiper-complexificações em torno desses números.

Quaternions

Willian Rowan Hamilton (1805-1865) criou os números quaternions. Segundo Menon (2009), esses números foram desenvolvidos a partir de uma tentativa de generalização dos números complexos na forma $z = a + bi$ em três dimensões. Oliveira (2018) diz que os quaternions são considerados *números hipercomplexos*[1], geralmente estudados em Álgebra Abstrata e podem ser divididos em duas estruturas quaterniônicas, que são: os *quaternions*, que possuem os componentes reais sobre o conjunto $\mathbb{R}$; e os *biquaternions*, que possuem componentes complexas sobre o conjunto $\mathbb{C}$.

Mangueira, Alves e Catarino (2022) relatam que os quaternions são apresentados como somas formais de escalares com vetores usuais do espaço tridimensional, existindo quatro dimensões. Assim, a definição de um quaternion é dada por:

$$q = a + bi + cj + dk,$$

onde a, b, c e d são números reais e i, j e k são a base ortogonal na base $\mathbb{R}^3$. Não obstante, Horadam (1993) apresenta o produto quaterniônico descrito por:

---

1   Os números hipercomplexos são definidos a partir de um processo evolutivo, partindo da sua forma unidimensional e apresentando n variáveis, esses números são apresentados na forma:

$$i^2 = j^2 = k^2 = -1, ij = k = -ji, jk = i = -kj, ki = j = -ik.$$

A partir da definição de um quarternion, é possível associar esses números a sequências lineares e apresentar os quaternions da sequência escolhida. Isto pode ser observado nos trabalhos de Mangueira, Alves e Catarino (2021; 2022), que apresentam os biquaternions de Leonardo e os quaternions híbridos de Leonardo, como também em Mangueira *et al.* (2023), que definiram os quaternions hiperbólicos de k-Leonardo e k-Perrin.

Na literatura da Matemática Pura é possível encontrar outros autores produzindo os quaternions de diversas sequências.

METODOLOGIA

Engenharia Didática

A Engenharia Didática é uma metodologia de pesquisa de origem francesa, surgida nos anos 80. Esta metodologia compara o trabalho didático do professor ao trabalho de um engenheiro que, para realizar um determinado projeto, se baseia em conhecimentos científicos da sua área, mas ao mesmo tempo se utiliza de ferramentas mais complexas (MANGUEIRA *et al.*, 2021).

Esta metodologia é dividida em quatro fases, que são: análises preliminares, concepção e análise *a priori*, experimentação e *análise a posteriori* e validação.

> Nesta análise preliminar é feita uma revisão bibliográfica envolvendo as condições e contextos presentes nos vários níveis de produção didática e no ambiente onde ocorrerá a pesquisa, assim como uma análise geral quanto aos aspectos histórico-epistemológicos dos assuntos do ensino a serem trabalhados e dos efeitos por eles provocados, da concepção, das dificuldades e obstáculos encontrados pelos alunos dentro deste contexto de ensino (POMMER, 2013, p.23).

Baseado em Alves *et al.* (2019), a segunda fase é descrita por:

> A segunda etapa denominada análise a priori e construção da situação didática é o momento de responder às questões levantadas na

fase anterior, a partir das variáveis que irão permitir ao pesquisador/professor subsídios para a construção da situação didática e, a partir da vivência, por parte do aluno, superar os obstáculos encontrados no processo de aprendizagem" (ALVES; VIEIRA; SILVA; MANGUEIRA, 2019, p. 12).

A terceira fase, a experimentação, é o momento em que é realizado a aplicação das situações didáticas e que serão registrados por meio de fotografias, relatos, gravações etc. Almouloud e Silva (2012, p. 27) dizem que essa fase "consiste na aplicação da sequência didática, tendo como pressupostos apresentar os objetivos e condições da realização da pesquisa, estabelecer o contrato didático e registrar as observações feitas durante a experimentação".

Por fim, a última fase, a análise *a posteriori* e validação, ocorre após coletar os dados colhidos na fase anterior, a qual será realizado uma comparação do foi esperado com os resultados obtidos. Ou como explica Alves (2018), a análise *a posteriori* permite prever se o meio, se o cenário demarcado para o desenvolvimento das sequências, permitiu a determinação de informações representativas e não secundárias para a investigação.

A validação pode ocorrer de forma interna ou externa. Na validação *interna*, a análise ocorre somente com os estudantes participantes da ED, em âmbito local. Na validação *externa*, é realizada uma comparação entre os estudantes participantes da ED, com outros grupos que não necessariamente a utilizaram (ALMOULOUD, 2007).

Teoria das Situações Didáticas

Os primeiros estudos sobre a Teoria das Situações Didáticas surgiram no início da década de 60, sendo definida por Brousseau (1986) com vista em estudos sobre o construtivismo em pedagogia. Essa teoria é caracterizada por situações reprodutíveis, denominadas *situações didáticas*, que permitem interações entre o professor, o aluno e o saber, dentro de um meio (*milieu*) organizado estrategicamente pelo professor, para que o aluno construa o conhecimento por si mesmo. Tem-se que "o objetivo central de estudo nessa teoria não é o sujeito cognitivo, mas a situação didática na qual são identificadas as interações estabelecidas entre professor, aluno e saber" (ALMOULOUD, 2007, p. 31-32).

Essa teoria é considerada como referência no processo de aprendizagem matemática e é dividida em quatro etapas: ação, formulação, validação e institucionalização (BROUSSEAU, 1986). Ainda de acordo com Almouloud (2007), tem-se que a fase de ação é definida como:

> Uma boa situação de ação não é somente uma situação de manipulação livre ou que exija uma lista de instruções para seu desenvolvimento. Ela deve permitir ao aluno julgar o resultado de sua ação e ajustá-lo, se necessário, sem a intervenção do mestre, graças à retroação do *milieu*. Assim, o aluno pode melhorar ou abandonar seu modelo para criar um outro: a situação provoca assim uma aprendizagem por adaptação (ALMOULOUD, 2007, p. 37).

Desse modo, o aluno toma suas decisões por ações sobre o *milieu*. "Nesse momento, o aluno tem a liberdade de interagir sem precisar seguir regras, ou seja, o aluno pode refletir no resultado de sua ação e ajustá-lo" (OLIVEIRA, 2018, p. 32).

Posteriormente tem-se a fase de formulação. Nesta fase são apresentadas interações existentes em determinada atividade proposta, resultando em uma estratégia de resolução, seja ela escrita ou oral, em linguagem natural ou matemática. Essa situação é caracterizada pela troca de saberes entre alunos e alunos e milieu. Teixeira e Passos (2013, p. 165) diz que nessa fase:

> Ocorre troca de informação entre o aluno e o *milieu*, com a utilização de uma linguagem mais adequada, sem a obrigatoriedade do uso explícito de linguagem matemática formal, podendo ocorrer ambiguidade, redundância, uso de metáforas, criação de termos semiológicos novos, falta de pertinência e de eficácia na mensagem, dentro de retroações contínuas; os alunos procuram modificar a linguagem que utilizam habitualmente, adequando-a às informações que devem comunicar (TEIXEIRA; PASSOS, 2013, p.165).

Durante a fase de validação, o aluno deve provar a veracidade do modelo por ele criado, buscando justificativas mais precisas, como explicação, prova ou demonstração, que torne seu modelo pertinente perante o grupo no qual o aprendiz está inserido. Segundo Teixeira e Passos (2013, p. 165-166), tem-se que:

> Os alunos tentam convencer os interlocutores da veracidade das afirmações, utilizando uma linguagem matemática apropriada (demonstrações); as situações de devolução, ação, formulação e validação caracterizam a situação didática, em que o professor permite ao aluno trilhar os caminhos da descoberta, sem revelar sua intenção didática, tendo somente o papel de mediador (TEIXEIRA; PASSOS, 2013, p.165-166).

O docente, caso julgue necessário, pode solicitar mais explicações objetivando aceitar ou refutar a solução apresentada pelo discente. Portanto, é nesse momento que ocorre o debate entre os alunos e entre alunos e professor.

Na última fase, na fase da institucionalização, segundo Almouloud (2007, p.40), nessa situação "o professor fixa convencionalmente e explicitamente o estatuto cognitivo do saber". E ainda, Teixeira e Passos (2013, p. 166) diz:

> Em que a institucionalização do saber é destinada a estabelecer convenções sociais e a intenção do professor é revelada. O professor, aí, retoma a parte da responsabilidade cedida aos alunos, conferindo-lhes o estatuto de saber ou descartando algumas produções dos alunos e definindo, assim, os objetos de estudo por meio da formalização e da generalização. É na institucionalização que o papel explícito do professor é manifestado: o objeto é claramente oferecido ao aluno (TEIXEIRA; PASSOS, 2013, p. 166).

Finalizando a última etapa, a institucionalização, o professor toma a frente da situação sintetizando tudo aquilo que foi exposto e dialogando com os alunos.

Nas seções seguintes, apresentaremos as duas primeiras fases da ED, apoiadas na TSD. Assim, apresentaremos os resultados parciais deste trabalho.

ANÁLISE PRELIMINAR: O CONJUNTO DOS QUATERNIONS DE LEONARDO

Baseado nas seções anteriores, onde foram apresentadas a sequência de Leonardo e os quaternions, é possível definir os quaternions de Leonardo. Esses resultados são definidos de forma análoga no trabalho de Mangueira, Alves e Catarino (2022), em que se exploram matematicamente algumas propriedades e teoremas em torno desses números. Aqui, discorremos sobre algumas definições:

Definição 1. O número quaternion de Leonardo, denominado por , é definido como:

$$QLe_n = Le_n + Le_{n+1}i + Le_{n+2}j + Le_{n+3}k$$

Definição 2. A relação de recorrência dos quaternions de Leonardo é dada por:

$$QLe_n = QLe_{n-1} + QLe_{n-2} + (1 + i + j + k), n \geq 2$$

ou ainda,

$$QLe_{n+1} = 2QLe_n - QLe_{n-2}, n \geq 2$$

sendo, $QLe_0 = 1 + i + 3j + 5k$ e $QLe_1 = 1 + 3i + 5j + 9k$ seus termos iniciais.

Para , é possível apresentar uma relação entre os quaternions de Fibonacci com os quaternions de Leonardo, definida por:

$$QLe_n = 2QF_{n+1} - (1 + i + j + k)$$

A equação característica dos quaternions de Leonardo é apresentada por: $x^3 - 2x + 1 = 0$, possuindo as mesmas raízes da equação característica da sequência de Leonardo.

É possível também apresentar a função geradora dos quaternions de Leonardo, sendo esta uma função geradora que facilita a resolução de recorrências. Esta função é dada por uma série de potências, cujos coeficientes apresentam informações sobre uma sucessão de termos, como podemos ver no Teorema a seguir.

Teorema 1. A função geradora dos quaternions de Leonardo é dada por:

$$G_{QLe_n}(x) = \frac{(QLe_0 + QLe_1 x)(1 - 2x) + QLe_2 x^2}{1 - 2x + x^3}$$

Exibimos, ainda, no Teorema 2, a fórmula que encontra o n-ésimo termo de uma sequência, sem depender da relação de recorrência, fórmula conhecida como *Fórmula de Binet*.

Teorema 2. Para $n \geq 0$, temos que a fórmula de Binet para os quaternions de Leonardo é dada por:

$$QLe_n = \frac{x_1[2Ax_1^n - (1+i+j+k)] + x_2[(1+i+j+k) - 2Bx_2^n]}{x_1 - x_2},$$

onde $A = QF_1 - QF_0 x_2$, $B = QF_1 - QF_0 x_1$ e x_1 e x_2 são as raízes da equação característica.

Na seção seguinte, utilizamos os quaternions de Leonardo para desenvolver duas situações didáticas em torno destes números.

CONCEPÇÃO E ANÁLISE *A PRIORI*

Tendo como objetivo construir uma estratégia de ensino sobre os quaternions de Leonardo, nos fundamentamos na Teoria das Situações Didáticas. Nesta seção, será analisado apenas os elementos do objeto matemático.

Situação didática 1: Ao analisar a similaridade entre os números de Fibonacci e Leonardo, é possível encontrar uma relação entre estes números. Com isso, após o estudo dos quaternions e sua associação aos números de Fibonacci e de Leonardo, é possível encontrar a família dos quaternions de cada sequência, em que ambas as famílias também possuem uma relação entre seus números. Partindo disso, apresente a relação entre os quaternions de Fibonacci e os quaternions de Leonardo.

Fase da ação: Tomando por base a relação dos números de Fibonacci e Leonardo, dada por $Le_n = 2F_{n+1} - 1$, espera-se que os alunos percebam que para transformar essa relação para a família dos quaternions, é necessário utilizar a definição dos números quaternions de Fibonacci QF_n e de Leonado QLe_n

Fase da formulação: Nesta fase, espera-se que os alunos descrevam os quaternions de Fibonacci e de Leonardo para tentar encontrar uma relação entre estes números. Almeja-se que os alunos percebam que a relação entre os quarternions se assemelha à relação dos números da sequência original. Também se espera que eles percebam que, diferentemente da relação inicial, onde há o valor "1", faz-se necessário encontrar " $(1+i+j+k)$ ", pois refere-se a um número quaternion. Assim, ao realizar esta mudança, almeja-se que seja encontrada a relação: $QLe_n = 2QF_{n+1} - (1+i+j+k)$.

Fase da validação: Nesta fase, é possível que os alunos utilizem o princípio da indução matemática para demonstrar e validar os resultados encontrados nas etapas anteriores. Com efeito, espera-se que eles apresentem a relação $QLe_n = 2QF_{n+1} - (1+i+j+k)$, ao verificar que esta continua sendo válida para o próximo valor, o $n+1$.

Fase da institucionalização: Nesta fase, o professor deve retomar a situação proposta, formalizando o resultado encontrado e validando a relação entre os quaternions de Fibonacci e de Leonardo. É pertinente ressaltar a importância dessa relação para estender os resultados, como podemos ver na situação didática 2.

Situação didática 2: A partir da relação entre os números de Fibonacci e de Leonardo, estabelecida por $QLe_n = 2QF_{n+1} - (1+i+j+k)$ e a Fórmula de Binet dos quaternions de Fibonacci, $QF_n = \dfrac{(QF_1 - QF_0 x_2)x_1^n - (QF_1 - QF_0 x_1)x_2^n}{x_1 - x_2}$, defina a fórmula de Binet para os quaternions de Leonardo.

Fase da ação: Tomando por base a relação entre os números de Fibonacci e os de Leonardo, $QLe_n = 2QF_{n+1} - (1+i+j+k)$, espera-se que os alunos percebam que QF_{n+1} apresentada nesta relação pode ser substituída pela Fórmula de Binet para os quaternions de Fibonacci.

Fase da formulação: A partir desta percepção, almeja-se que os estudantes reescrevam a Fórmula de Binet acrescentando o "+1" nos índices, resultando em:

$$QF_{n+1} = \dfrac{(QF_1 - QF_0 x_2)x_1^{n+1} - (QF_1 - QF_0 x_1)x_2^{n+1}}{x_1 - x_2}$$

E ainda, espera-se que os alunos realizem a substituição da Fórmula de Binet na relação, obtendo:

$$QLe_n = 2\left[\frac{(QF_1 - QF_0 x_2)x_1^{n+1} - (QF_1 - QF_0 x_1)x_2^{n+1}}{x_1 - x_2}\right] - (1 + i + j + k)$$

E ao realizar algumas manipulações algébricas, obtenham como resultado:

$$QLe_n = \frac{x_1[2(QF_1 - QF_0 x_2)x_1^n - (1 + i + j + k)] + x_2[(1 + i + j + k) - 2(QF_1 - QF_0 x_1)x_2^n]}{x_1 - x_2},$$

Por fim, pode-se assumir $A = QF_1 - QF_0 x_2$, $B = QF_1 - QF_0 x_1$ e sendo x_1 e x_2 as raízes da equação característica, é possível que encontrar a expressão:

$$QLe_n = \frac{x_1[2Ax_1^n - (1 + i + j + k)] + x_2[(1 + i + j + k) - 2Bx_2^n]}{x_1 - x_2}.$$

Fase da validação: Nesta fase, partindo do resultado conjecturado anteriormente, espera-se que o aluno demonstre a Fórmula de Binet, definida por:

$$QLe_n = \frac{x_1[2Ax_1^n - (1 + i + j + k)] + x_2[(1 + i + j + k) - 2Bx_2^n]}{x_1 - x_2}, n \geq 0$$

para o índice $n + 1$, utilizando o método de indução matemática, validando o teorema.

Fase da institucionalização: Por fim, nesta etapa, o docente deve institucionalizar, ou seja, verificar os resultados apresentados pelos alunos, confirmando ou refutando o desenvolvimento da Fórmula de Binet para os quaternions de Leonardo apresentado pelos alunos. Espera-se, ainda, que o docente revele a importância desta situação para o processo evolutivo-matemático dos quaternions de Leonardo.

UMA POSSÍVEL ANÁLISE *A POSTERIORI*

Na perspectiva de uma análise *a posteriori*, o professor pode realizar uma análise dos dados coletados na fase da experimentação, ao desenvolver estar situações didáticas com alunos da licenciatura em Matemática (público-alvo sugerido). Este trabalho, por ter um caráter de proposta didática, conta apenas com o resultado parcial do estudo do tema e da construção de uma análise *a priori*.

Uma possível análise *a posteriori* para a situação didática 1 baseia-se em possíveis dificuldades que os alunos podem encontrar ao trabalhar com os quaternions, visto que um número quaternion se comporta de maneira diferente do usual. Assim, espera-se que os alunos percebam que este número é a soma de quatro elementos e, por fugir do contexto usual, pode ocorrer um estranhamento em um primeiro contato com o tema.

Não obstante, por ser um número extenso, ao realizar manipulações algébricas, os alunos também estão mais propensos ao erro. Por outro lado, ao conhecer a relação entre os números de Fibonacci e os de Leonardo, os alunos podem apenas substituir os termos das sequências iniciais para os termos das sequências quaterniônicas, ao trocar o termo "1" por "$(1 + i + j + k)$", visto que é como se comporta o primeiro termo quaternion.

Na situação didática 2, os alunos podem revelar dificuldades ao apresentar a Fórmula de Binet para os quaternions de Leonardo, uma vez que estes podem não ter sido apresentados a essa fórmula anteriormente. E mesmo assim, caso o aluno já tenha trabalhado antes com a Fórmula de Binet, o caso da sequência de Leonardo não é encontrado de forma similar a outras sequências. Para chegar ao resultado esperado, os alunos devem trabalhar com a relação entre os quaternions de Leonardo e de Fibonacci e a Fórmula de Binet para a sequência de Fibonacci.

Com estas informações, os alunos podem realizar manipulações algébricas, no intuito de encontrar o resultado pretendido. Por outro lado, caso os alunos não consigam relacionar as informações pré-existentes, uma possibilidade seria utilizar a Fórmula Geral de Binet, estabelecendo um sistema de equações lineares e, ao encontrar as incógnitas do sistema, conseguir o resultado almejado. Ressalta-se que, neste caso, é importante que o professor apresente previamente a Fórmula Geral de Binet e seus elementos, auxiliando a resolução da situação.

CONSIDERAÇÕES FINAIS

Este trabalho trouxe uma discussão sobre o ensino dos quaternions de Leonardo, a partir da proposta de duas situações didáticas desenvolvidas para a compreensão do tema. As situações foram estruturadas a partir da Engenharia Didática, associada à Teoria das Situações Didáticas, sendo utilizadas apenas as duas primeiras fases da Engenharia, dado o caráter de pesquisa em andamento deste trabalho.

As situações didáticas propostas são sugestões de aula, visando futuras aplicações deste conteúdo em turmas de formação inicial de professores de matemática. Sugere-se este público-alvo dada a pertinência do tema para a sua formação e compreendendo a necessidade destes alunos possuírem um conhecimento prévio matemático para a resolução das situações e avanços futuros do tema. Sua implementação se daria almejando uma coleta de dados e concretização das duas últimas fases da Engenharia Didática.

A partir do estudo em torno a sequência de Leonardo e os números quaternions foi possível realizar observar ambos os objetos matemáticos separadamente. Após associar estes dois conteúdos, obtivemos como resultado os quaternions de Leonardo, apresentando sua relação de recorrência, sua relação com os quaternions de Fibonacci, sua equação característica, a Fórmula de Binet, bem como sua função geradora.

Não obstante, isto foi possível dado o caráter metodológico proporcionado pela metodologia de pesquisa escolhida. As análises preliminares e análise *a priori* no estudo desse objeto matemático tiveram o intuito de fornecer um suporte metodológico ao professor da licenciatura, ao instigar os alunos a construir seu próprio conhecimento a partir da TSD.

Por fim, para trabalhos futuros, espera-se que as situações sugeridas possam ser replicadas em turmas de formação inicial de professores, validando as conjecturas apresentadas. Ressalta-se o papel fundamental do docente, ao apresentar elementos prévios que são de suma importância para a solução das situações, bem como proporcionar um ambiente de discussão para auxiliar os alunos no processo de construção do conhecimento.

AGRADECIMENTOS

A parte de desenvolvimento da pesquisa no Brasil contou com o apoio financeiro do Conselho Nacional de Desenvolvimento Científico e Tecnológico (CNPq).

A parte de desenvolvimento da pesquisa em Portugal é financiada por Fundos Nacionais, através da Fundação para a Ciência e a Tecnologia. I. P (FCT), no âmbito o projeto UID/CED/00194/2020.

REFERÊNCIAS

ALMOULOUD, S. A. **Educação matemática: Fundamentos da Didática da matemática.** Curitiba: Editora UFPA, 2007.

ALMOULOUD, S.; SILVA, M. J. Engenharia didática: evolução e diversidade. **REVEMAT: Revista Eletrônica de matemática**, v. 7, n. 2, p. 22-52, 2012. DOI: https://doi.org/10.5007/1981-1322.2012v7n2p22.

ALVES, F. R. V. Engenharia didática para o ensino de variável complexa: visualização de conceitos relacionados ao processo matemático de integração. **Alexandria: Revista de Educação em Ciência e Tecnologia**, v. 11, n. 2, p. 3-29, 2018. DOI: https://doi.org/10.5007/1982-5153.2018v11n2p3.

ALVES, F. R. V.; VIEIRA, R. P.; SILVA, J. G.; MANGUEIRA, M. C. Ensino de ciências e educação matemática. In: [recurso eletrônico] Org. GONÇALVES, F. Paraná: Engenharia Didática para o ensino da sequência de Padovan: um estudo da extensão para o campo dos números inteiros, 2019, cap. 2.

ALVES, F. R. V.; CATARINO, P. M.; VIEIRA, R. P. M.; MANGUEIRA, M. C. dos S. Teaching recurrent sequences in Brazil using historical facts and graphical illustrations. **Acta Didactica Naposcencia**, v. 13, n. 1, p. 1-25, 2020. DOI: https://doi.org/10.24193/adn.13.1.9.

ALVES, F. R. V.; VIEIRA, R. P. M.; CATARINO, P. M. M. C. Engenharia Didática: análises preliminares e a priori para a noção dos Quaternions de Fibonacci. **Jornal Internacional de Estudos em Educação Matemática**, v. 13, n. 3, p. 308-320, 2020. DOI: https://doi.org/10.17921/2176-5634.2020v13n3p308-320.

ARTIGUE, M. Ingénierie didactique. **Recherches en Didactique des Mathématiques**, v. 9, n. 3, p. 281–308, 1988.

BROUSSEAU, G. Fondements et méthodes de la didactique des mathématiques. **Recherches en didactique des mathématiques**, v. 7, n. 2, p. 33–115, 1986.

CATARINO, P. M.; BORGES, A. On Leonardo numbers. **Acta Mathematica Universitatis Comenianae,** v. 89, n. 1, p. 75-86, 2019.

HORADAM, A. F. Quaternion Recurrence relations. **Ulam Quarterly**, v. 2, n. 2, p. 23- 33, 1993.

MENON, M. J. Sobre as origens das definições dos produtos escalar e vetorial. **Revista Brasileira de Ensino de Física**, v. 31, n. 2, p. 1-11, 2009. DOI: https://doi.org/10.1590/S1806-11172009000200006.

MANGUEIRA,M.C.dosS.;ALVES,F.R.V.;CATARINO,P.M.M.C.Osbiquaternions elípticos de Leonardo. **C.Q.D. - Revista Eletrônica Paulista de Matemática**, Bauru, v. 21, n.2, 2021. DOI: 10.21167/cqdvol21202123169664mcsmfrvapmmcc130139.

MANGUEIRA, M. C. dos S.; VIEIRA, R. P.; ALVES, F. R. V.; CATARINO, P. M. M. C. Uma experiência da engenharia didática no processo de hibridização da sequência de Leonardo. **Revista Binacional Brasil-Argentina: Diálogo entre as ciências**, v. 10, n. 2, p. 271-297, 2021. DOI: https://doi.org/10.22481/rbba.v10i02.9560.

MANGUEIRA, M. C. dos S.; ALVES, F. R. V.; CATARINO, P. M. M. C. Hybrid Quaternions of Leonardo. **Trends in Computational and Applied Mathematics**, v. 23, p. 51-62, 2022. DOI: https://doi.org/10.5540/tcam.2022.023.01.00051.

MANGUEIRA, M. C. dos S.; VIEIRA, R. P.; ALVES, F. R. V.; CATARINO, P. M. M. C. The Sequences of the Hyperbolic k-Perrin and k-Leonardo Quaternions. **Journal of Mathematical Extension**, v. 17, n. 4, 2023.

OLIVEIRA, R. R. de. **Engenharia Didática sobre o Modelo de Complexificação da Sequência Generalizada de Fibonacci: Relações Recorrentes N-dimensionais e Representações Polinomiais e Matriciais**. Dissertação (Mestrado Acadêmico em Ensino de Ciências e Matemática). Instituto Federal de Educação Ciência e Tecnologia do Estado do Ceará, Fortaleza, 2018.

POMMER, W. M. **A Engenharia Didática em sala de aula: elementos básicos e uma ilustração envolvendo as Equações Diofantinas Lineares**. São Paulo, 2013.

TEIXEIRA, P. J. M.; PASSOS, C.C.M. Um pouco da teoria das situações didáticas (TSD) de Guy Brousseau. **Zetetiké**, v. 21, n. 39, p. 155-168, 2013.

CAPÍTULO 3

O PROGRAMA RESIDÊNCIA PEDAGÓGICA COMO ESTRATÉGIA PARA A FORMAÇÃO DE PROFESSORES: AÇÕES FORMATIVAS, APRENDIZADOS E DESAFIOS NA LICENCIATURA EM MATEMÁTICA

Tiago Tomé Lima
João Nunes de Araújo Neto
Francisco José de Lima

Resumo

O presente trabalho objetiva analisar as contribuições do Programa Residência Pedagógica (PRP) para a formação inicial de professores de Matemática, considerando as experiências vivenciadas na Licenciatura em Matemática no Instituto Federal de Educação, Ciência e Tecnologia do Ceará - *campus* Cedro e escolas parceiras. O estudo utiliza uma abordagem qualitativa, a partir de relatos de experiência que analisa as vivências descritas acerca da segunda edição do Programa Residência Pedagógica - Núcleo Matemática. Os resultados foram obtidos a partir da exploração do relatório final, observando palestras, *webinários*, mesas redondas e reuniões, como espaços de formação e preparação para a inserção do residente no ambiente escolar. Evidenciaram-se contribuições positivas do programa para a formação de professores de Matemática, destacando-se as reflexões sobre a relação professor-aluno no ensino remoto e presencial e a superação das dificuldades encontradas durante o ensino remoto decorrente da pandemia de *COVID-19*. Verifica-se a importância do equilíbrio entre teoria e prática na licenciatura e o papel do PRP como alternativa eficaz à aprendizagem e ao desenvolvimento da prática docente.

Palavras-chave: Programa Residência Pedagógica. Formação de professores. Relato de experiências.

INTRODUÇÃO

A formação profissional do estudante de licenciatura em todas as áreas exige um equilíbrio entre os conhecimentos teóricos e práticos, sendo essencial o domínio de ambos para um bom desempenho. Neste contexto, o Programa Residência Pedagógica (PRP) cuja primeira edição, coordenada pela Coordenação de Aperfeiçoamento de Pessoal de Nível Superior (CAPES) ocorreu em 2018, visa aperfeiçoar a prática dos estudantes de licenciatura ao inseri-los em escolas públicas de Educação Básica. O PRP contempla, desde encontros formativos para capacitação dos participantes, até atividades de regência acompanhadas por um preceptor, sendo este um professor da escola.

No contexto educacional brasileiro, os projetos políticos-pedagógicos dos cursos de licenciatura apresentam em suas matrizes curriculares um conjunto disciplinas e, dentre elas, os Estágios Supervisionados, que objetivam promover a prática docente aos licenciandos, fazendo com que estes vivenciem o fazer pedagógico, que é fundamental para a sua trajetória como professor (FREITAS; FREITAS; ALMEIDA, 2020).

Na perspectiva de promover a inserção do aluno de licenciatura em sala de aula, para que adquira conhecimentos teóricos e práticos, o PRP, enquanto ação que integra a Política Nacional de Formação de Professores, tem por finalidade o desenvolvimento formativo do licenciando por meio de práticas, inserindo o graduando em escolas públicas de educação básica durante a segunda metade do curso. No entendimento de Freitas, Freitas e Almeida (2020, p. 2) o programa "é uma iniciativa voltada para a formação inicial de professores, oportunizando aos alunos dos cursos de licenciaturas, a vivência da profissão, de forma dinâmica".

Dessa forma, de acordo com o Edital nº 1/2020, o programa tem por finalidade incentivar a formação de docentes durante a graduação, permitindo ao licenciando articular teoria e prática, bem como ampliar a relação entre as Instituições de Ensino Superior (IES) e as escolas públicas de Educação Básica, além de fortalecer o papel das redes de ensino na formação de futuros professores.

O PRP tem duração de 18 meses, totalizando uma carga horária de 414 horas, que são divididas em 3 módulos de seis meses cada. De acordo com o Edital nº 1/2020, cada um dos módulos constituía-se de 138 horas, contemplando: (i) 86 horas para preparação da equipe, estudo de conteúdos da área e metodologias de ensino, familiarização com a atividade docente por meio da ambientação escolar e observação em sala de aula, elaboração de relatório do residente juntamente com o preceptor e o docente orientador, avaliação da experiência, entre outras atividades; (ii) 12 horas para a elaboração de planos de aula, e; (iii) 40 horas de regência, com acompanhamento do preceptor.

É possível verificar que o PRP, apesar de estar inserido em contextos desafiadores, tem contribuído positivamente para a formação de professores, uma vez que, o programa possibilita o fortalecimento da formação inicial e continuada de professores pelas interlocuções formativas acerca das experiências vivenciadas no ambiente escolar. Todas essas reflexões permitem reconhecer a importância do PRP na licenciatura, ao mesmo tempo que permite ao graduando relacionar a teoria com os problemas reais das instituições de ensino (SILVA; LACERDA; NETO, 2021).

Na compreensão de Bernardi (2000), a articulação entre teoria e prática é a interação sobre o que se sabe sobre algo e as formas de fazer as coisas que estejam próximas ao desejado. Nesta mesma direção, Pacheco, Barbosa e Fernandes (2017, p. 334-335) argumentam que teoria e prática "se entrelaçam e que a desvinculação destas fragiliza o processo de aprendizagem do sujeito".

Deste modo, o objetivo do presente trabalho consiste em analisar as contribuições do Programa Residência Pedagógica (PRP) para a formação inicial de professores de Matemática, considerando relatos de experiências vivenciadas na Licenciatura em Matemática no Instituto Federal de Educação, Ciência e Tecnologia do Ceará (IFCE) *campus* Cedro e escolas parceiras.

PROCEDIMENTOS METODOLÓGICOS

Esta pesquisa, de abordagem qualitativa, descreve algumas experiências e vivências ocorridas durante a segunda edição do Programa Residência Pedagógica (PRP), do Núcleo Matemática do IFCE *campus* Cedro. Para González (2023) as pesquisas qualitativas têm como objetivo compreender e descrever em profundidade os aspectos subjetivos das ações humanas e sociais, captando os acontecimentos com base nos significados que eles têm para seus protagonistas.

O estudo apresenta caráter exploratório, pois visa refletir sobre experiências vividas na ambiência do PRP e registradas em Diário de Bordo. Na concepção de Gil (2002), a pesquisa exploratória objetiva proporcionar maior familiaridade com o problema com vistas a torná-lo mais explícito, considerando os mais variados aspectos relativos ao fato estudado. Para Porlán e Martín (1997, p. 19-20) o diário de bordo é "um guia de reflexão sobre a prática, favorecendo a tomada de consciência do professor sobre seu processo de evolução e sobre seus modelos de referência".

O material utilizado foi o Relatório Final do PRP, apresentado a uma banca examinadora do IFCE *campus* Cedro, com a finalidade de equiparação das disciplinas de Estágio Supervisionado, uma vez que o Edital Nº 1/2020 da Coordenação de Aperfeiçoamento de Pessoal de Nível Superior (CAPES) prevê que a Instituição de Ensino Superior (IES) deve validar a carga horária das atividades realizadas pelo residente no programa, para aproveitamento de créditos no curso.

Quanto ao tratamento e análise de dados, optou-se pela análise de conteúdo Bardin (2016), que consiste em um conjunto de técnicas de análise que permitem "a inferência de conhecimentos relativos às condições de produção/recepção (variáveis inferidas) destas mensagens" (BARDIN, 2016, p. 42). Assim, os dados foram tratados de forma interpretativa, auxiliando na descrição e sistematização da pesquisa, conduzindo a contribuições válidas e confiáveis na pesquisa qualitativa (SOUSA; SANTOS, 2020).

A Análise de Conteúdo de Bardin (2016) prevê três etapas importantes: pré-análise, exploração do material e tratamento do material. Na primeira etapa foi identificada as principais contribuições proporcionadas pelo PRP descritas no relatório. Assim, foi realizada leitura flutuante do material para obter uma primeira impressão, identificando os temas e categorias que emergiram dos documentos examinados. Na segunda etapa, exploração do material, foi realizada uma leitura mais aprofundada dos documentos, buscando identificar as categorias mais relevantes que surgiram a partir do *corpus* de análise. Por último, realizou-se o tratamento do material, estabelecendo relações e inferências entre as categorias identificadas a partir dos dados.

A partir da leitura dos relatórios e observação das principais atividades realizadas no PRP, verificou-se similaridades nos três módulos, convergindo para a organização de duas categorias, a saber: (1) Palestras, webinários, mesas redondas e rodas de conversa: um espaço de formação e preparação para a inserção do residente no ambiente escolar, e; (2) Relação professor-aluno no ensino remoto e presencial. Estas categorias são abordadas e discutidas na seção seguinte.

PALESTRAS, WEBINÁRIOS, MESAS REDONDAS E RODAS DE CONVERSA: UM ESPAÇO DE FORMAÇÃO E PREPARAÇÃO PARA A INSERÇÃO DO RESIDENTE NO AMBIENTE ESCOLAR

No ano de 2020, com o surgimento da pandemia da *COVID-19*, o ensino remoto foi aprovado para todas as modalidades de ensino, de acordo com a Lei nº 14.040 de 18 de agosto de 2020 (BRASIL, 2020b), que definiu regras educacionais a serem utilizadas diante do estado de calamidade pública reconhecido pelo Decreto Legislativo nº 6, de 20 de março de 2020 (BRASIL, 2020a).

Diante desse cenário, as formações docentes a partir de palestras, encontros, rodas de conversas e webinários foram intensificadas, uma vez que o modo de lecionar foi totalmente remodelado devido às orientações da Organização Mundial da Saúde (OMS), dada a necessidade do isolamento social. Frente a isso, além de encontros de capacitação para o ensino remoto, foram necessárias formações para a atuação docente em geral, visto que alguns residentes nunca tiveram o contato com a sala de aula de forma presencial e/ou remota.

No Quadro 1 são apresentados alguns webinários, rodas de conversas, mesas redondas e palestras que ocorreram durante o PRP, com o intuito de garantir uma melhor formação profissional para os futuros professores:

Quadro 1: Webinários, Rodas de Conversas, Mesas Redonda e Palestras.

Ação	Data de Realização	Evento	Título
A1	16/10/2020	Webinário	Sequência *Fedathi*: uma proposta pedagógica para o ensino de matemática.
A2	23/10/2020	Webinário	Uma visão geral da ferramenta *Google Classroom* e suas possibilidades pedagógicas
A3	26/10/2020	Webinário	Técnicas para a gestão de tempo
A4	28/10/2020	Palestra	A Teoria das Situações Didáticas e o ensino de matemática no contexto do ensino remoto
A5	10/11/2020	Mesa Redonda	Abordagens e perspectivas do ensino e aprendizagem da matemática
A6	12/11/2020	Roda de Conversa	Prática docente e experiências na Educação Básica: possibilidades e desafios
A7	30/11/2020	Webinário	Os efeitos da pandemia na saúde mental na rotina pessoal e acadêmica dos estudantes
A8	14/12/2020	Webinário	Gênero e educação: diálogos introdutórios
A9	01/02/2021	Webinário	Como elaborar um bom plano de aula?
A10	19/02/2021	Roda de Conversa	Estágio supervisionado e Residência Pedagógica: aproximação e distanciamento na formação de professores
A11	10/06/2021	Webinário	Estudos interdisciplinares de ensino e aprendizagem
A12	12/07/2021	Webinário	Obras (livros) por área de conhecimento e específicas do Ensino Médio: abertura MEC e FNDE e obras de matemática e suas tecnologias

Fonte: Elaborado pelos autores (2023)

Estes encontros tiveram por finalidade fortalecer a formação dos graduandos, fazendo com que eles adquirissem conhecimentos e habilidades necessárias para a realização de uma prática coerente, considerando o contexto da pandemia. As ações A1, A4, A5, A6, A10, A11 e A12 foram classificadas como eventos que visavam apresentar propostas metodológicas para suprir carências formativas no âmbito computacional, organizacional e social, visto que os residentes necessitavam desenvolver estratégias que auxiliassem nas práticas de ensino.

Gatti (2017) aponta que o Programa de Residência Pedagógica deve oferecer aos residentes oportunidades de aprofundamento teórico, reflexão sobre a prática pedagógica e troca de experiências com outros professores em formação. Os espaços formativos são formas de promover melhor atuação do professor em sala de aula, uma vez que deixam os educadores mais preparados para a realização de práticas de ensino que exigem conhecimentos específicos.

Vale destacar que estas ações estão alinhadas com a melhoria da formação inicial, como foi o caso da ação A5, que foi uma mesa redonda ocorrida na III Jornada de Matemática do IFCE *campus* Cedro, onde foi debatida a importância do planejamento pedagógico para o desenvolvimento de práticas de ensino. As formações têm o intuito de promover aprendizagens que conduzam os docentes na elaboração de metodologias de ensino satisfatório. Nesse sentido, considera-se que o planejamento é instrumento fundamental para orientar a dinâmica em sala de aula, professores, alunos e demais membros da comunidade escolar acerca da missão, metas e objetivos da escola.

Complementando o A5, temos o A6, que foi uma roda de conversa em que objetivou mostrar que, devido à complexidade inerente à educação, ocorrem situações em sala de aula que não estão contempladas no planejamento escolar. O evento possibilitou que professores com anos de experiência relatassem os desafios enfrentados na carreira docente, além de apresentar estratégias e alternativas de trabalho para solucionar situações que fogem do habitual.

Ainda sobre capacitação docente, a ação A2 tratou de um webinário que visava habilitar os residentes para o ensino remoto. Esta formação teve grande importância, uma vez que o ensino remoto ainda é algo novo para a maioria dos profissionais da educação. Diante do contexto, o webinário trouxe o questionamento "Como se reinventar para dar aula em período de quarentena?". Para responder a esta indagação, o formador mostrou a plataforma *Google Classroom*, que se trata de uma ferramenta virtual utilizada por docentes e discentes ao longo do período do ensino remoto. Foram apresentadas orientações aos professores sobre o seu uso para fins pedagógicos, visando promover a aprendizagem.

Pedro e Gasparini (2016) destacam possibilidades do *Google Classroom* para o Ensino Híbrido, apesar de existirem disparidades entre ensino híbrido e ensino remoto, pode-se elencar aproximações conceituais, diante disso o trabalho e reflexões de Pedro e Gasparini sobre as contribuições do Google Sala de Aula para o Ensino Híbrido elencando ferramentas da plataforma que auxiliam o trabalho do professor, as quais podem adaptada para prover maior interação, organização e orientação.

Conforme Silva e Lima (2021) destacam o ensino remoto tem implicara mudanças na rotina e no fazer dos professores, especialmente no que diz respeito às formas de atuação nos processos de ensino, uma vez que o ensino nesses moldes demandam um mais tempo, o que resulta em fadiga tecnológica tanto para os alunos quanto para os educadores. Essa exaustão é consequência do uso constante de recursos tecnológicos para cumprir com as obrigações acadêmicas e profissionais, acarretando um esforço intenso que pode prejudicar as atividades diárias tanto no contexto escolar quanto no âmbito profissional.

A ação A3 vem de encontro aos resultados de Silva e Lima (2021), a qual consiste em uma roda de conversa para desenvolvimento de estratégias para gestão do tempo, visando tornar o dia do professor mais produtivo, diante do cotidiano da pandemia. Na ocasião, foram apresentadas ferramentas para a organização de tarefas, aplicativos e planilhas, como formas de não se sobrecarregar e de buscar maximizar os resultados nos estudos, trabalho, faculdade/escola e no lazer.

Nesse sentido, a ação A9 apresentou, de modo complementar, alguns passos a serem seguidos para o planejamento de uma aula. Segundo esta ação, primeiramente, deve-se refletir sobre a turma na qual o conteúdo será ministrado, pondo em questão o desenvolvimento do aprendizado dos discentes e sua relação com a escolha metodológica nas aulas. Então, a partir dos conhecimentos adquiridos durante os encontros, foram apresentadas técnicas para motivar os alunos nas aulas síncronas pelo *Google Meet*.

Melo (2016) aponta que dificuldades de concentração, sensação de inquietação, medo, irritabilidade, tédio, alteração na qualidade do sono e problemas com o apetite estão entre as reações emocionais e comportamentais mais constantemente apresentadas por crianças e adolescentes na pandemia. Muitos jovens podem ter os sintomas potencializados devido a fatores como a desigualdade de oportunidades e de acesso. Isso implica dizer que, para muitas crianças e adolescentes, enfrentar a pandemia foi mais sofrido pela falta de acesso às aulas remotas, bem como de suporte familiar.

Corroborando com o autor, a A7 explicou quais os efeitos socioemocionais da pandemia para população e o que poderia ser feito para evitar alguns dos problemas psicológicos provocados pelo isolamento social.

Ainda no enquadramento de problemas psicológicos, é oportuno destacar os efeitos do *bullying*, definido por Olweus (1994) como comportamentos agressivos que acontecem de forma intencional e em um período, gerando danos físicos, mentais e sociais na vida dos envolvidos.

Surge então a necessidade do trabalho realizado na ação A8, que teve como objetivo promover discussões acerca do tema "identidade de gênero" e "orientação sexual", enfatizando o diálogo assertivo que não promova intolerância, preconceitos e discriminação em sala de aula. Dessa forma, a realização de webinários, rodas de conversa, mesas redondas e palestras como espaço de formação docente contribuiu para o desenvolvimento profissional dos residentes.

RELAÇÃO PROFESSOR-ALUNO NO ENSINO REMOTO E PRESENCIAL

De acordo com Lopes (2023), boa relação professor-aluno é um dos principais anseios dentro de uma instituição de ensino, pois é notório que, se não for construída uma boa relação entre educador e educando, todo o planejamento para obter sucesso no âmbito escolar acaba fracassando.

No Quadro 2, são apresentados excertos extraídos dos relatos de experiência referentes às interações entre professor e aluno, tanto no âmbito do ensino remoto quanto presencial

Quadro 2: Registros acerca da relação professor-aluno em aula virtual e presencial.

Código	Excertos
E1	De acordo com as atividades recebidas pelo *Google Classroom* ficou nítido as dificuldades apresentadas por alguns alunos. Por ser um ensino assíncrono, o contato professor-aluno torna- se ainda mais difícil e o docente acaba não sabendo a dificuldade do educando (2022, p. 09)
E2	Na plataforma *Classroom* foram deixados após a correção das atividades, comentários privados nas atividades de cada discente, a fim de saber as dificuldades apresentadas e assim dar um suporte com o objetivo de sanar estas dúvidas, porém algumas vezes não houve um retorno por parte do aluno. (2021, p.07)
E3	Com a finalidade de se ter uma relação mais próxima com cada estudante, em especial os que apresentaram um baixo rendimento na resolução das atividades propostas, foi repassado um aviso no grupo da turma no *WhatsApp*, informando que aqueles que enfrentavam dificuldades em se comunicar na sala de aula virtual poderiam entrar em contato através do mensageiro instantâneo, por meio do grupo da turma ou até mesmo no privado do residente. Infelizmente apenas 2 ou 3 alunos apareceram para tirar dúvidas e foram os educandos que mostraram bom rendimento na realização das práticas propostas. (2021, p.08)
E4	Na realização do encontro síncrono ficou notável que o residente conseguia ter mais controle sobre como os alunos estão absorvendo o conteúdo, pois a participação se tornava maior em relação às aulas assíncronas. Mesmo assim, apenas uma pequena parcela de discentes se manifestava, ou seja, os alunos com menos timidez que infelizmente que ficou notável ser os alunos com menos dificuldade. (2021, p.06)
E5	No primeiro encontro presencial já é notável que a relação professor-aluno se caracteriza totalmente diferente. Os alunos se sentem mais à vontade para expor suas dificuldades e até os mais tímidos conseguem apresentar e sanar as suas dificuldades. Foi percebido uma mudança de cerca de 10% de participação dos educandos nos encontros *on-line* para cerca de 70% de participação presencial. (2022, p.06)

Fonte: Elaborado pelos autores (2023) a partir de dados presentes nos seus relatos do PRP

Com base no E1, é evidente que o ensino remoto assíncrono enfrenta desafios significativos. Nesse formato, as aulas são planejadas, gravadas em vídeo e postadas em uma plataforma, sem interação imediata entre professor e aluno. Isso resulta na falta de *feedback* sobre o progresso dos alunos em relação ao conteúdo apresentado e às principais dúvidas que possam surgir, levando a uma experiência de ensino deficiente. Silva *et al.* (2021) alertam que, para buscar garantir um ensino significativo, é imprescindível estabelecer uma relação de confiança e cumplicidade entre professor e aluno, possibilitando ao educador compreender se o aluno está entendendo o conteúdo ensinado, permitindo avaliação precisa e a busca por métodos de aprimoramento.

Ao analisar as diferentes possibilidades de interação, pode-se perceber que os excertos E2 e E3 demonstraram que, mesmo ao utilizar recursos como os comentários privados no *Google Classroom* e redes sociais como o *WhatsApp*, incluindo o envio de mensagens privadas pelo residente, não foi possível obter sucesso na promoção de uma comunicação efetiva entre aluno e professor. Neste contexto específico o contato entre estes interlocutores ocorreu de forma limitada, o que prejudicou o progresso no conteúdo, uma vez que não se tinha conhecimento sobre o andamento da turma.

Diante dessa constatação, discutiu-se a implementação de encontros síncronos, pois, no contexto da pandemia, durante o início da implementação do ensino remoto, não havia contato simultâneo entre professor e aluno. Essa ação tornou mais fácil estabelecer um diálogo, mesmo que virtualmente. O E4 indica que a participação dos alunos nos encontros ao vivo aumentou em comparação às aulas gravadas. No entanto, apenas uma pequena parcela deles se manifestava durante esses encontros. Observou-se que essa falta de participação muitas vezes se deve à timidez, uma vez que, em um ambiente virtual, qualquer pergunta feita fica visível para todos os participantes presentes, o que pode ser considerado desagradável para pessoas introvertidas.

No início de 2022 as aulas retornaram completamente presenciais, o que gerou grandes expectativas tanto para os professores quanto para os alunos, que se sentiam angustiados ao interagir por meio de uma tela de computador ou celular, onde o contato professor-aluno era quase inexistente.

O E5 enfatiza que a participação dos alunos em sala de aula teve um aumento significativo, passando de cerca de 10% online para cerca de 70% presencialmente. Esse aumento ocorreu porque no ensino presencial até mesmo os alunos mais tímidos têm a oportunidade de participar, uma vez que o educador pode se dirigir à carteira do aluno e responder às suas dúvidas, evitando que o aluno sinta medo de expô-las para toda a turma. Outra vantagem é que presencialmente é possível perceber, por meio de expressões faciais e gestos, as dificuldades na compreensão do conteúdo e se a metodologia de ensino está funcionando, facilitando a busca por novos métodos.

Assim, diante do complexo contexto, foi de suma importância buscar metodologias que engajassem e despertassem o interesse dos alunos para estudar e participar das aulas durante o ensino remoto. Além disso, é relevante destacar como a prática presencial contribuiu para enriquecer as experiências vivenciadas como residente do PRP, agregando uma valiosa bagagem à formação docente.

CONSIDERAÇÕES FINAIS

Este trabalho objetivou analisar as contribuições do Programa Residência Pedagógica (PRP) para a formação inicial de professores de Matemática, considerando relatos de experiências vivenciados na Licenciatura em Matemática no Instituto Federal de Educação, Ciência e Tecnologia do Ceará (IFCE) *campus* Cedro e escolas parceiras.

A análise documental demonstrou que a experiência do PRP na formação de professores representa uma importante mudança de paradigma na formação docente no Brasil. Anteriormente, a formação de professores era predominantemente teórica, com pouca ênfase na prática e na vivência em sala de aula. Com o PRP, os estudantes de licenciatura têm a oportunidade de vivenciar o ambiente escolar desde a formação inicial, acompanhados por um professor preceptor e docentes orientadores.

Além disso, a análise do conjunto de atividades que constituem o relatório final, construído pelo primeiro autor em sua participação no PRP, permitiu constatar que os encontros formativos promovidos pelo programa desempenham um papel fundamental na formação inicial dos futuros professores, enriquecendo sua bagagem teórico-prática. No entanto, também foi identificado como desafio manter a relação professor-aluno em meio ao ensino remoto, exigindo estratégias por parte do residente para garantir a efetividade do processo de ensino e aprendizagem.

Em síntese, vale destacar que as experiências adquiridas ao longo dos 18 meses de participação no PRP proporcionaram momentos enriquecedores para a formação. Ao ser inserido em um ambiente escolar durante o curso de licenciatura, o graduando tem a possibilidade de refletir sobre a teoria estudada na faculdade em meio a exercícios da docência durante as formações e regências realizadas pelo PRP.

Destaca-se, portanto, a importância do PRP para a formação de professores de Matemática, a falta de experiência prática durante a graduação pode tornar o exercício da docência muito mais desafiador e a implementação de programas desta natureza torna-se essencial, na perspectiva de contribuir com formação inicial e continuada de professores.

REFERÊNCIAS

BARDIN, L. **Análise de Conteúdo**. trad. Luís Antero Reto; Augusto Pinheiro São Paulo: Edições 70, 2016.

BERNARDI, L. T. M. S. Formação docente no curso de licenciatura em matemática na UNOESC: a relação da teoria e prática. 2000. 114 f. **Dissertação** (Mestrado) Universidade Federal de Santa Catarina, Florianópolis, 2000. Disponível em: <https://repositorio.ufsc.br/xmlui/handle/123456789/78460>. Acesso em: 16 jul. 2022.

BRASIL, **Decreto Legislativo N. 6, de 2020a**. Reconhece, para os fins do art. 65 da Lei Complementar no 101, de 4 de maio de 2000, a ocorrência do estado de calamidade pública, nos termos da solicitação do Presidente da República encaminhada por meio da Mensagem no 93, de 18 de março de 2020. Disponível em: <http://www.planalto.gov. br/ccivil_03/portaria/DLG6-2020.htm>. Acesso em: 26 jul. 2022.

BRASIL, **Lei Federal N. 14.040, de 18 de agosto de 2020b**. Estabelece normas educacionais excepcionais a serem adotadas durante o estado de calamidade pública reconhecido pelo Decreto Legislativo no 6, de 20 de março de 2020; e altera a Lei no 11.947, de 16 de junho de 2009. Disponível em: <http://www.planalto.gov.br/ ccivil_03/ _ato2019-2022/2020/lei/L14040.htm#>. Acesso em: 26 jul. 2022.

BRASIL. **Edital CAPES nº 01/2020**. Programa de Residência Pedagógica. Brasília: MEC, 2020. Disponível em: https://www.gov.br/capes/pt-br/centrais-de-conteudo/06012020-edital-1-2020-residencia-

pedagogica-pdf. Acesso em: 18 ago 2022.

FREITAS, M. C. de; FREITAS, B. M. de; ALMEIDA, D. M. Residência pedagógica e sua contribuição na formação docente. **Ensino em Perspectivas**, [S. l.], v. 1, n. 2, p. 1–12, 2020. Disponível em: <https://revistas.uece.br/index.php/ensinoemperspectivas/article/view/4540>. Acesso em: 25 jul. 2022.

GATTI, B. A. Formação de professores, complexidade e trabalho docente. **Revista Diálogo Educacional**, v(17), p. 721-737, 2017. Disponível em: https://doi.org/10.7213/1981-416X.17.053.AO01. Acesso em: 23 set 2022.

GIL, A. C. **Como Elaborar Projetos de Pesquisa**. São Paulo: Atlas, 2002.

GONZÁLEZ, F. E. Reflexões sobre alguns conceitos da pesquisa qualitativa. **Revista Pesquisa Qualitativa**, São Paulo, v. 8, n. 17, p. 155-183, 2020. Disponível em: https://editora.sepq.org.br

/rpq/article/view/322. Acesso em: 03 mar.2023.

LACERDA, C. R.; SILVA, F.; SANTOS NETO, M. B. Contribuições do programa residência pedagógica da Universidade Estadual do Ceará na formação de professores da educação básica. **Revista Brasileira de Pesquisa sobre Formação de Professores**, [S.l.], v. 13, n. 26, p. 137–154, 2021. Disponível em: <https://www.revformacaodocente.com.br/index.php/rbpfp/article/ view/405>. Acesso em: 14 set. 2022.

LIMA, F. J. de; DA SILVA, R. Para além das aparências: desafios e percepções diante da oferta do Estágio Supervisionado na Licenciatura em Matemática do IFCE campus Cedro no contexto do ensino remoto. **Revista Baiana de Educação Matemática**, [S. l.], v. 2, n. 01, p. e202109, 2021. Disponível em: https://www.revistas.uneb.br/ index.php/baeducmatematica/article/view/12370. Acesso em: 19 jun. 2023.

LOPES, R. C. S. A relação professor aluno e o processo ensino aprendizagem. **Dia a dia e educação**, v. 9, n. 1, p. 1-28, 2011. Disponível em: http://www.diaadia educacao.pr.gov.br/portals/pde/arquivos/1534-8.pdf.. Acesso em: 05 jan. 2023.

MELO, J. R. **Percursos de formação de professores de matemática**. Rio Branco: Edufac, 2016.

OLWEUS, D. Bullying at school: Long-term outcomes for the victims and an effective school-based intervention program. **Journal of Child Psychology & Psychiatry** (pp. 97–130). Plenum Press, 1994. Disponível em: https://doi.org/10.1111/j.1469-7610.1994.tb01229.x Acesso em 01 de junho 2023

PACHECO, W. R. S; BARBOSA, J. P. S; FERNANDES, D. G. A relação teoria e prática no processo de formação docente. **Revista de Pesquisa Interdisciplinar,** Cajazeiras, n. 2, p. 332-340, 2017. Disponível em: Acesso em: https://cfp.revistas.ufcg.edu.br/cfp/index.php/pesquisainterdisciplinar/article/view/3800 Acesso em:1 junho. 2023.

PEDRO SCHIEHL, E.; GASPARINI, I. Contribuições do Google Sala de Aula para o Ensino Híbrido. **Revista Novas Tecnologias na Educação**, Porto Alegre, v. 14, n. 2, 2016. Disponível em: https://seer.ufrgs.br/index.php/renote/article/view/70684. Acesso em: 13 jun. 2023.

PORLÁN, R. MARTÍN, J. **El diario del profesor**. Sevilla: Díada Editora, 1997.

SILVA, F. C.; SILVA, K. R. DELAIA, M. M.; OLIVEIRA, M. S. A interação professor-aluno em aulas remotas de matemática: vivências no residência pedagógica. In: VIII ENALIC, 8, 2021. **Anais**. Marabá: Realize, 2021. p. 1-12. Disponível em: <https://www.editorarealize.com.br/editora/anais/enalic/ 2021/TRABALHO_COMPLETO_EV163_MD1_SA101_ID608_26102021185111.pdf>. Acesso em: 14 jan. 2023.

SOUSA, J. R.; SANTOS, S. C. M. Análise de conteúdo em pesquisa qualitativa: modo de pensar e de fazer. **Pesquisa e Debate em Educação**, Juiz de Fora, v. 10, n. 2, p. 1396-1416, jul./dez. 2020. Disponível em: https://periodicos.ufjf.br/index.php/ RPDE/ article/view/31559/22049. Acesso em 10 mar. 2023,

CAPÍTULO 4

PROGRESSÕES GEOMÉTRICO-ARITMÉTICAS E O GEOGEBRA: UMA ABORDAGEM SOB A ÓPTICA DA ENGENHARIA DIDÁTICA E TEORIA DAS SITUAÇÕES DIDÁTICAS

Arnaldo Dias Ferreira
Maria José Costa dos Santos
Francisco Régis Vieira Alves

Resumo

O objetivo deste trabalho é apresentar uma proposta didática para o ensino de Progressões Geométrico-Aritméticas (PGA) com o GeoGebra explorando seus aspectos algébricos e geométricos, sustentada pela Teoria das Situações Didáticas (TSD). Utilizamos como metodologia a Engenharia Didática (ED) em suas duas primeiras fases – análises preliminares e análise a *priori* – dado o caráter de pesquisa com resultados parciais. Demarcamos um *design* de investigação do conhecimento matemático a ser desenvolvido ao relacionar as dialéticas da TSD, tendo como ferramenta principal para essa transposição o *software* GeoGebra. Como resultado, apresentamos a carência de abordagem deste tema no Ensino Médio. Além disso, a pouca literatura encontrada mostra que o tema é tratado, majoritariamente, de forma algébrica. O GeoGebra pode contribuir por meio da visualização gráfica dos termos da sequência a partir de suas janelas e elementos interativos, sendo aporte ao processo de ensino deste tema. Por fim, em uma perspectiva vindoura, tencionamos o desenvolvimento das demais fases da Engenharia Didática, como forma de verificar a viabilidade do modelo didático elaborado a partir da replicação desta proposta em outros contextos.

Palavras-chave: Progressões Geométrico-Aritméticas. Sequências. GeoGebra.

INTRODUÇÃO

A partir de um estudo sobre o ensino de Progressões Geométrico-Aritméticas (PGA) com o aporte do GeoGebra, encontramos na literatura que sua abordagem se dá de forma teórica, baseada em uma análise preliminar sobre a epistemologia dos conceitos relativos às sequências Progressões Aritméticas (PA) e Progressões Geométricas (PG). Com base nisso, construímos uma análise a *priori* para levantar hipóteses sobre a abordagem que prioriza o seu aspecto visual no GeoGebra.

De acordo com Vargas e Noguti (2020) a Matemática do Ensino Médio tem se reduzido a uma abordagem tecnicista, na qual são apresentadas regras, fórmulas e algoritmos sem, contudo, justificá-los ou até mesmo fundamentá-los. Isso acaba por dificultar a sua compreensão, e acrescenta que "essa percepção também é fruto de observações a respeito do ensino e aprendizagem da PA" (p. 3), posto que o ensino das sequências, como as PGA, perpassa tanto pela PA quanto pela PG.

Encontramos estudos que fundamentam essa premissa, como os trabalhos de Maroski (2018), Nobre e Rocha (2018), Nunes e Gomes (2020) e Rocha (2019), que abordam especificamente as Progressões de Ordem Superior. Neste trabalho tratamos um conceito relativamente novo no âmbito do Ensino Médio, que versa sobre as Progressões Geométrico-Aritméticas (PGA) (ROCHA, 2019), embora no livro História da Matemática de Boyer (1974) tenham informações sobre o estudo de sequências relativas aos números figurais ou progressões e um equivalente chinês do triângulo de Pascal a partir do século XVIII. Nesse sentido, reforçamos a utilização de ferramentas e teorias que visam a autonomia dos indivíduos na construção do conhecimento, como é o caso do uso do GeoGebra aliado à Teoria das Situações Didáticas (TSD), difundida por Brousseau (1986).

A Teoria das Situações Didáticas (TSD) é uma vertente da Didática da Matemática desenvolvida na França e difundida por Brousseau nas décadas de 80 e 90. Aqui no Brasil, a TSD despertou interesse em diversos pesquisadores como Almouloud (2007), Teixeira e Passos (2013), Alves (2021), entre outros.

Para Alves (2021, p. 121), a TSD "proporciona a modelização de situação de ensino por intermédio da simplificação e da conceptualização de modelos e de categorias explicativas, gestadas e originadas da esfera de práticas do professor de Matemática e dos estudantes". Nessa perspectiva, buscamos apresentar uma nova abordagem de ensino com a utilização do GeoGebra e teorias contemporâneas, que proporcionam aos estudantes assumirem um papel ativo na construção de novos conhecimentos, no caso deste trabalho, utilizamos as PGA.

Na tentativa de encontrar uma alternativa que aprecie as possibilidades de inovação pedagógica, tencionamos como objetivo principal deste trabalho apresentar as possibilidades para o ensino de PGA na Educação Básica via situações didáticas, estruturadas com o aporte do *software* GeoGebra.

Para isso, utilizamos a Engenharia Didática (ED) como metodologia de pesquisa. A ED serve para direcionar esse trabalho e orientar a pesquisa conforme um planejamento que deve ser seguido. Artigue (1988) esclarece que uma das características da ED está exatamente no fato de que essa metodologia tem um caráter experimental, e se baseia principalmente nas realizações didáticas que ocorrem em sala de aula. Dessa forma tem-se a oportunidade de se verificar se o objetivo almejado foi alcançado (ALVES, 2017). Artigue, Douady e Moreno (1995) esclarecem que a ED é delimitada por quatro fases, a saber: análise preliminar, análise a *priori*, experimentação e análise a *posteriori* e validação.

Por ter um caráter teórico, trazemos excepcionalmente as duas primeiras fases da ED. Na análise preliminar apresentamos o conceito referente às Progressões Geométrico – Aritméticas (PGA) bem como os desafios em seu ensino e possibilidade do uso do GeoGebra para abordá-lo.

Em seguida, na análise a *priori*, trazemos uma situação-problema sobre PGA de segunda ordem, extraída de um trabalho de Rocha (2019), cuja proposta é explorar seus aspectos algébricos e geométricos com o GeoGebra. Pretende-se discutir a generalização do problema através da manipulação no ambiente do *software*.

A seguir apresentamos a metodologia utilizada e desenvolvida em suas duas fases iniciais onde, na análise preliminar ilustramos principalmente os conceitos referentes às PGA e em seguida estabelecemos a segunda fase de concepção e análise a *priori* da situação didática com a utilização do GeoGebra.

ANÁLISE PRELIMINAR

Carvalho *et al.* (2021, p. 3155) reforçam que "o ambiente escolar permanece reproduzindo metodologias tradicionais de ensino e de aprendizagem, evidenciando um descompasso com o perfil de estudantes que já nasceram nesta era digital". Isto vem de encontro ao pensamento de Marchetto (2017), no tocante à utilização do *software* GeoGebra, como recurso educativo, que proporciona a aquisição de conhecimento, auxiliando como ferramenta na resolução de problemas da Matemática:

> a característica mais destacável do GeoGebra é a percepção dupla dos objetos: cada expressão na janela de Álgebra corresponde a um objeto na Zona de Gráficos e vice-versa. O GeoGebra tem a vantagem didática de apresentar, ao mesmo tempo, duas representações diferentes de um mesmo objeto que interagem entre si: sua representação geométrica e sua representação analítica; sendo assim, então uma ferramenta que oportuniza dinamizar e consolidar significativamente o trabalho pedagógico em matemática. (MARCHETTO, 2017, p. 31)

Em relação ao ensino de matemática, baseados no excerto acima, que verifica uma abordagem meramente algébrica e destaca que o uso do *software* GeoGebra seria um grande diferencial, pois pode, conforme Marchetto (2017), proporcionar uma visão geométrica do problema, concomitantemente entre as suas janelas de álgebra e de visualização gráfica, trazendo uma dinamicidade no fazer pedagógico.

A abordagem usual, indubitavelmente utilizada para o ensino de progressões, baseia-se no emprego de fórmulas. Além disso, Nobre e Rocha (2018) chamam a atenção para o fato de que não é comum os livros didáticos da Educação Básica abordarem as Progressões de Ordem superior e, quando tratam do assunto, é de forma superficial, com uma visão simplificada e uso de fórmulas prontas.

Nunes e Gomes (2020, p. 552) discutem sobre trabalhos relacionados à este tema e afirmam que "na literatura podemos encontrar diversos trabalhos que lidam com Progressões Aritméticas e Geométricas de ordem superior fornecendo propostas de abordagens desses conceitos no Ensino Básico", no entanto, afirmam que em todos os trabalhos analisados somente encontraram estudos sobre Progressões Aritméticas e Geométricas de ordem 2, revelando uma carência de aprofundamento desses assuntos nesse nível de ensino.

Buscamos esclarecer alguns conceitos aqui referenciados, a partir de autores como Maroski (2017), que relaciona o termo geral de uma PA a um polinômio. Assim temos que: $a_n = a_1 + (n-1) * r$ poderia ser reescrito como $a_n = r * n + a_1 - r$. Nesse caso, ter-se-ia um polinômio de grau 1, em que $P(n) = a_n$. Sendo r a razão da PA, este assume o valor do coeficiente angular do polinômio e o termo $(a_1 - r)$ seria o termo independente. Nesse caso, tratamos este polinômio na forma de função, para facilitar a sua compreensão quando de sua resolução no ambiente do *software* GeoGebra.

No entanto, para uma ampliação do conceito, e partindo do ponto de que uma progressão de ordem superior deverá ter grau maior que 1, Nobre e Rocha (2018) conceituam o operador diferença como:

> Dada uma sequência $(a_n)_{n \in N}$, define-se o chamado operador diferença $(\Delta^1 a_n)_{n \in N} = (a_{n+1} - a_n)_{n \in N}$, que constitui uma nova sequência. Como $(\Delta^1 a_n)_{n \in N}$ forma uma nova sequência, podemos novamente obter o operador diferença, isto é, $(\Delta^1 [\Delta^1 a_n])_{n \in N} = (\Delta^2 a_n)_{n \in N}$, e assim recursivamente, $(\Delta^k a_n)_{n \in N}$, para k ≥ 3. (NOBRE; ROCHA, 2018, p. 37).

De acordo com essa definição, o operador diferença determina o grau do polinômio à medida que se realizam as subtrações sucessivas, até se obter um valor constante como razão, o que influencia diretamente na ordem. Segundo Nobre e Rocha (2018, p. 37) "uma sequência $(a_n)_{n \in N}$ será uma PA de ordem k se for necessário aplicar o operador diferença k vezes para se chegar a uma sequência constante." Dessa forma, uma PA será considerada de ordem k, quando o operador diferença de ordem $k - 1$ for uma PA de ordem 1.

Para melhor ilustrar essa definição, consideremos o exemplo a seguir, em que a sequência de números $(1, 4, 9, 16, 25, 36, 49, 64....)$, é uma PA de ordem 2. Matematicamente, $\forall n \in N, \Delta^1 a_n = a_{n+1} - a_n = (3, 5, 7, 9, 11, 13, 15, ...)$ é uma PA de ordem 1, ou de outra forma, $\forall n \in N, \Delta^2 a_n = \Delta^1 a_{n+1} - \Delta^1 a_n = 2$, que é uma PA constante.

Para Rocha (2019), a sequência PGA é uma combinação entre a PG e a PA, e por isso são acessíveis ao nível do Ensino Médio, apesar de sua abordagem não ser muito presente nos livros didáticos. O autor define as progressões Geométrico-Aritméticas (PGA) como "toda progressão onde o seu termo geral é da forma, $b_n = aq^{(n-1)} + (n-1)r$, sendo a, r e q constantes não nulas e $q \neq 1$" (ROCHA, 2019, p. 38). Assim, decorre que para a PGA[k] o autor propõe o seguinte:

> Considere $(b_n)_{n \in N}$ uma PA de ordem k e $(c_n)_{n \in N}$ uma PG onde, $c_n = dq^{n-1}$, sendo $d \neq 0$ e $q \neq 1$. A progressão Geométrico-(Aritmética de ordem k), denotada por PGA^k, e associada à $(b_n)_{n \in N}$ e à $(c_n)_{n \in N}$, é a progressão $(a_n)_{n \in N}$, onde $a_n = b_n + c_n = b_n + dq^{n-1}$. Pela Observação 3, podemos considerar $a_n = b_n + c_n = (d_k n^k + d_{k-1} n^{k-1} + \cdots + d_1 n + d_0) + dq^{n-1}$, onde d_i, $i = 0, 1, 2, ..., k$, são constantes com $d_k \neq 0$. (ROCHA, 2019 p. 41).

De forma simplificada, temos que em uma PGA[k] cada elemento é o resultado da soma dos elementos de mesma posição entre uma PA de ordem k e uma PG, ou seja:

> Seja $(b_n)_{n \in N}$ uma PA de ordem k. Desde que a classe das PAs de ordem k é identificada com a classe das progressões em que seus termos gerais são polinômios de grau k na variável n (Proposição 2, item a)), podemos considerar $b_n = d_k n^k + d_{k-1} n^{k-1} + \cdots + d_1 n + d_0$, onde d_i, $i = 0, 1, 2, ..., k$, são constantes com $d_k \neq 0$. (ROCHA, 2019 p. 41).

Seguindo nessa linha, Rocha (2019, p. 39) discorre sobre a Proposição 2 item a) que afirma: "Se $(a_n)_{n \in N}$ é uma PA de ordem k, então seu termo geral a_n é um polinômio de grau k na variável n. Reciprocamente, se $P(n)$ é um polinômio de grau k, então a sequência $(a_n)_{n \in N} = (P(1), P(2), P(3), ..., P(n), ...)$ é uma PA de ordem k", conforme definido anteriormente por Maroski (2017).

Na seção seguinte apresentamos a análise a *priori*, abordando o tema na resolução de um problema proposto no ambiente do GeoGebra, norteado pela TSD.

CONCEPÇÃO E ANÁLISE A *PRIORI*

Apresenta-se no Quadro 1 um problema extraído de Rocha (2019, p. 41) e adaptado para esta situação de ensino, cuja abordagem está relacionada ao assunto das sequências PGA[2]:

Quadro 1: Questão motivadora da situação no GeoGebra.

A progressão $(a_n)_{n \in N}$ = (3, 7, 14, 25, 42, ...), onde $a_n = (n^2 + 1) + 2^{n-1}$, é uma PGA[2]. Assim determine: a) os seus 20 primeiros termos; b) as sequências geradas pelo operador diferença $(\Delta^k a_n)_{n \in N}$ e, c) a função exponencial que contém os pontos gerados pela sequência final dessa PGA[2].

Fonte: Rocha (2019, p. 41).

Nessa seção, trazemos um caráter investigativo ao relacionar as fases dialéticas da TSD, demarcando um *design* de investigação do conhecimento matemático a ser desenvolvido, tendo como ferramenta principal para essa transposição didática o *software* GeoGebra.

Para isso foram levantadas hipóteses acerca das impressões dos sujeitos na situação elaborada, observando a carência de trabalhos com esse viés investigativo, que se desenvolve seguindo os pressupostos teóricos metodológicos de um itinerário voltado para o ensino da Matemática.

Na fase de ação da TSD, Almouloud (2007, p.38), afirma que "as interações estão centralizadas na tomada de decisões". Portanto observa-se que os sujeitos buscam interpretar e diagnosticar o problema para chegar a uma solução. Com isso, é esperado que, ao se depararem com o problema inicial, os sujeitos busquem uma primeira interação com o controle deslizante para a manipulação da construção e um entendimento prévio baseado na visualização dos gráficos presentes.

Na dialética da ação, os sujeitos são instigados pelo professor a se engajarem em um processo investigativo em grupo (ALVES, 2020). Dessa forma, acontece um confronto entre dados geométricos e numéricos extraídos da situação dinâmica a partir da visualização no GeoGebra e os dados prévios da situação estática do problema inicial.

Também esperamos que haja uma transposição didática para uma interpretação da fórmula do termo geral da sequência $a_n = (n^2 + 1) + 2^{n-1}$ para a lei de formação da função exponencial $f(x) = (x^2 + 1) + 2^{x-1}$, nesse caso, pode ocorrer a primeira interação dos sujeitos no ambiente do *software* com o problema da sequência posta na Janela de Visualização de acordo com a proposta. Na Figura 1 se verifica como se inicia essa interação:

Figura 1: Construção da situação didática no GeoGebra.

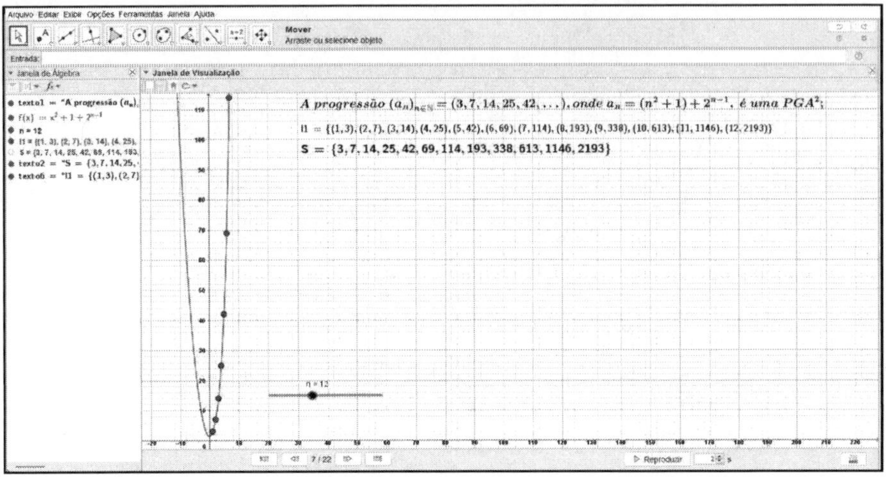

Fonte: Elaboração dos Autores (2022).

Nesse momento, é conveniente esperar que os sujeitos percebam que a sequência S representa os termos da progressão do problema, e que na lista de pontos da função *f*, a sequência é representada pelas coordenadas *y* de cada par ordenado. Diferente da situação estática original, no GeoGebra existe a possibilidade de aumentar ou diminuir a sequência simplesmente movimentando o controle deslizante e, com isso, ampliar o campo de visualização dos termos originalmente limitados à escrita.

Enfatizamos que essa característica do GeoGebra pode facilitar a proposta de uma situação de ensino, já que os sujeitos podem utilizá-lo para trabalhar esse conteúdo no Ensino Médio e criar objetivos específicos para o ensino das sequências, a partir de uma perspectiva mais abrangente com o raciocínio pela visualização.

Em Alves (2020, p. 124) o autor relata que, uma das características do raciocínio está "mobilizado com origem na visualização e a percepção tácita de propriedades de natureza numérica, natureza algébrica e natureza geométrica". No ambiente do *software* GeoGebra, os sujeitos se deparam com diversas possibilidades de interação e embasados pela visualização avançam da fase de Ação para a fase seguinte.

Almouloud (2007), enfatiza que é a fase de Formulação onde ocorrem as trocas de experiências entre os sujeitos, por via oral ou escrita. Nesse momento, o diálogo ocorre na tentativa de desenvolver raciocínios que visem a solução do problema. Os sujeitos são conduzidos pela visualização a observar os pontos na função $f(x)$ e comparar com os pares ordenados na lista l1 e com a sequência S.

Dando continuidade, após a apresentação do próximo passo, os sujeitos podem se deparar com uma nova função e com uma nova sequência. Segundo Alves (2020), há uma troca de informações entre os sujeitos e essa troca pode levar estes a algumas conclusões. Neste caso, esperamos que eles percebam que da sequência S para a S_1 houve a aplicação de um operador diferença Δ^1, conforme definido anteriormente. Na Figura 2 apresentamos essa evolução, após a aplicação do operador diferença na sequência S:

Figura 2: Aplicação do operador diferença $\Delta 1$ em S.

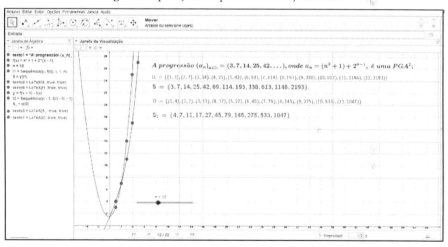

Fonte: Elaboração dos Autores (2022).

Com a visualização das sequências S e S_1 na janela de visualização do GeoGebra, os sujeitos podem chegar à conclusão de que a relação entre elas é exatamente a diferença entre ambas e assim abrir margem para uma verificação na próxima sequência a ser mostrada. Para reforçar essa ideia, verificamos na janela de álgebra como foi formada a função, $g(x) = f(x+1) - f(x)$. Assim, apresentamos na Figura 3 a próxima sequência:

Figura 3: Sequência S_2 na janela de visualização do GeoGebra.

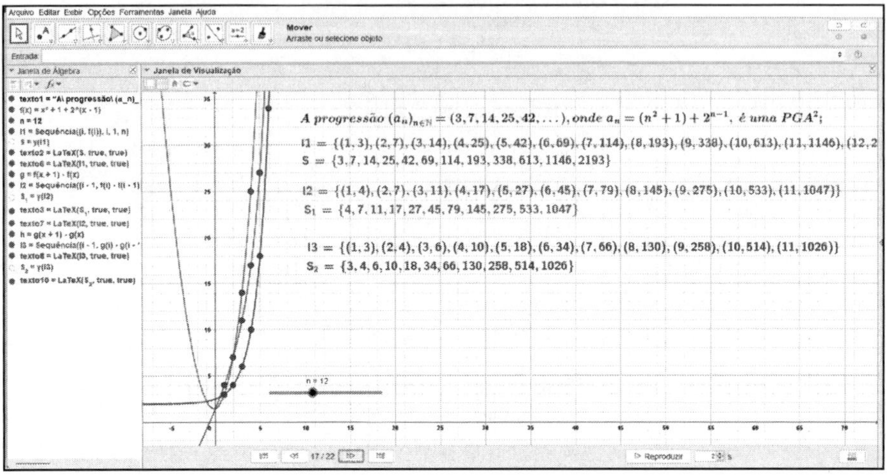

Fonte: Elaboração dos autores (2022).

A partir desse ponto, é esperado que os sujeitos tenham compreendido como podem determinar a próxima sequência realizando mais uma vez o operador diferença e, consequentemente, chegando ao resultado $S_3 = \{1, 2, 4, 8, 16, 32, 64, 128, 256, \ldots\}$, satisfazendo ao item b do enunciado e partindo para a próxima fase da TSD.

A fase da Validação é o momento em que os sujeitos argumentam e apresentam as estratégias matemáticas desenvolvidas para a resolução do problema. Conforme Almouloud (2007, p. 40), essa dialética é "a validação das asserções que foram formuladas nos momentos de ação e de formulação, podendo referir-se a diferentes níveis de validade: sintática, semântica ou mesmo pragmática (relativa à eficácia do texto)".

Nesse momento o professor deve orientar as discussões da situação, em busca de validar as afirmações, o que segundo Alves (2020, p. 334) nesse sentido "o professor deverá estimular a atividade de provas e demonstrações com origem nos dados coligidos da investigação na etapa anterior, confrontando-os com o ambiente computacional e suas potencialidades", o que deve ocorrer em seguida através dessa estimulação.

Os sujeitos podem apresentar como resposta ao item a do problema original, a sequência S_3 com os seus vinte primeiros termos, a partir da manipulação do controle deslizante, reforçando que sem o aporte tecnológico do GeoGebra esta tarefa se tornaria demasiada cansativa e perderia o sentido de praticidade desejado. Isto pode ser ilustrado na Figura 4:

Figura 4: Os 20 primeiros termos da PGA[2].

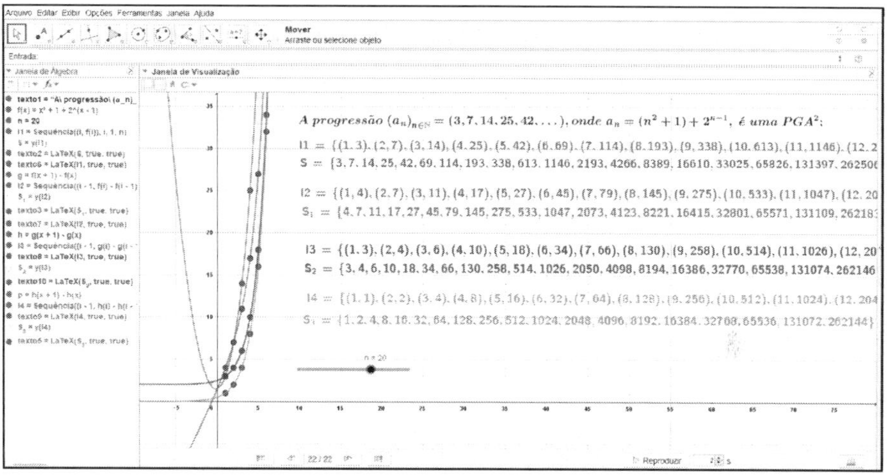

Fonte: Elaboração dos autores (2022).

Cabe ao professor controlar a situação e direcionar os sujeitos na visualização dos elementos presentes na janela de álgebra, na qual está descrita a função $f(x)$ mencionada. Por definição, a função $g(x)$ é o resultado da operação $f(x + 1) - f(x)$ pela aplicação do operador diferença Δ^1, resultando em $g(x) = 2x + 2^x - 2^{x-1} + 1$ e na sequência S_1.

Analogamente, para o resultado da função $h(x) = g(x + 1) - g(x)$ tem-se a aplicação do operador diferença Δ^2 que resulta em $h(x) = 2^{x-1} + 2$ e na sequência S_2. Nessa mesma linha de raciocínio, realiza-se o operador diferença Δ^3 mais uma vez e chega-se na função $p(x) = 2^x - 2^{x-1}$ e na sequência S_3, que representa a PG de primeiro termo $a_1 = 1$ e razão $q = 2$, respondendo assim ao item c do enunciado.

A fase da Institucionalização marca o momento em que o professor assume o controle da situação e busca formalizar os resultados encontrados pelos sujeitos, o que segundo Almouloud (2007, p. 40), representa o momento em que "o professor fixa, convencionalmente e explicitamente, o estatuto cognitivo do saber". Cabe ao professor apresentar argumentos sobre o fato de que, na PGA, os termos são representados de tal forma que cada elemento é o resultado da soma ordenada de uma PA e uma PG.

Assim, de acordo com Paiva (RPM, 73, 2010, p. 49) suponha que os termos consecutivos de uma PG sejam $(a, a * q, a * q^2, \ldots, a * qn-1, \ldots,)$ e que quando ordenadamente somados com os termos consecutivos de uma $PA\ (0, r, 2r, \ldots, (n-1)r, \ldots)$ geram uma outra sequência, que é o resultado da soma:

$$(a, a * q + r, a * q^2 + 2r, \ldots, a * qn - 1 + (n - 1)r, \ldots),$$

denominada Progressão Geométrico-Aritmética (PGA). Com o auxílio do GeoGebra é possível realizar uma demonstração simples, porém fundamental para se provar que a PGA é o resultado da soma de duas sequências. De acordo com o enunciado, o seu termo geral é:

$$a_n = (n^2 + 1) + 2^{n-1}$$

Realizando uma transposição para o ambiente do *software*, e dividindo essa equação em duas partes, chega-se às seguintes funções: $f(x) = x^2 + 1$ como função geradora dos termos de uma PA^2, de segunda ordem, apresentada na janela de visualização de S_1 e $g(x) = 2^{x-1}$, como uma função geradora de uma PG de razão 2. Como demonstração, apresentamos na Figura 5 a construção no *software*, mostrando as sequências que dão origem à sequência S:

Figura 5: Demonstração da PGA² com a utilização do GeoGebra.

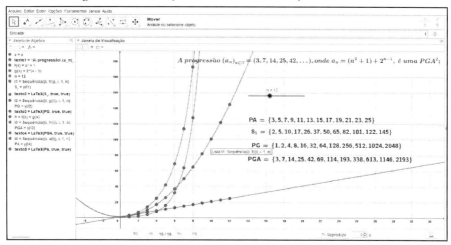

Fonte: Elaboração dos autores (2022).

A sequência $S_1 = \{2, 5, 10, 17, 26, 37, 50, 65, 82, \ldots\}$ apresentada na Figura 5 configura-se como de segunda ordem, pois, ao ser realizado o operador diferença Δ^1 resulta na $PA = \{3, 5, 7, 9, 11, 13, 15, 17, 19, 21, 23, 25, \ldots\}$, limitadas na imagem pelo controle deslizante. Observa-se também o aspecto visual da PA disposta numa reta, enquanto as demais sequências estão dispostas em curvas.

ELEMENTOS E POSSIBILIDADES PARA A CONTINUIDADE DESTA ENGENHARIA

Tendo como base os métodos comumente utilizados para o ensino de progressões no Ensino Médio, essa pesquisa trouxe como desafio apresentar possibilidades para que o professor de Matemática possa abordar o assunto de PGA, fugindo dos modelos tradicionais de ensino, geralmente difundidos nos livros didáticos e demais literaturas. Para isso, realizamos um estudo acerca do assunto observando essa característica e confirmando a existência de uma carência conteudista e metodológica, como apontado nos trabalhos de Nobre e Rocha (2018) e Nunes e Gomes (2020). Tais autores tratam dessa temática e definem algebricamente os conceitos relacionados às progressões de ordem superior, ainda que de forma simplificada para esse nível de ensino.

Nesse contexto, apresentamos como proposta a utilização do *software* GeoGebra, por proporcionar recursos que colocam o estudante em um papel ativo na construção do conhecimento, proporcionando diferentes possibilidades de compreensão dos conceitos em suas janelas interativas.

Além disso, destacamos um aspecto pouco observado no ensino desse conteúdo, que é a visualização gráfica dos termos dessas sequências, ainda pouco exploradas no Ensino Médio. Aqui, demarcamos o exposto em Alves (2020, p. 343) que o uso do *software* aliado à TSD "fornece aos estudantes um cenário de aprendizagem que estimula a ação dos estudantes, por intermédio da visualização e exploração de propriedades gráfico-geométricas". Neste caso, foram consideradas apenas as duas primeiras fases da ED, pois trata-se inicialmente de uma proposta a ser testada em uma investigação posterior.

Ressaltamos que no percurso metodológico utilizado, a TSD pode originar um caráter investigativo ao sujeito em suas fases dialéticas, enquanto este realiza a transposição com o uso do *software*. Assim a TSD, vai demarcando um *design* de investigação do conhecimento matemático a ser desenvolvido, ou seja, o professor tem "a possibilidade de estimular o engajamento em equipes dos estudantes, na exploração dinâmica das propriedades numéricas e propriedades geométricas" (ALVES, 2020, p. 345). Isto torna imprescindíveis os aspectos da interação e visualização no desenvolvimento do conceito aqui estudado.

Destacamos que os resultados aqui apresentados são de caráter de uma pesquisa não aplicada e, portanto, parciais. No entanto, tais resultados mostram-se relevantes diante da inovação científica e metodológica considerada como possibilidade para uma investigação dessa natureza.

CONSIDERAÇÕES FINAIS

O objetivo deste trabalho foi apresentar uma proposta didática para o ensino de PGA com o GeoGebra, sustentada pela Teoria das Situações Didáticas (TSD), em que exploramos seus aspectos algébricos e geométricos. Nesse sentido, acreditamos que cumprimos fielmente o objetivo e trazemos outras considerações decorrentes do desenvolvimento deste.

Essa pesquisa surge de inquietações acerca de questões teórico-metodológicas no ensino de progressões, em especial das Progressões

Geométrico-Aritméticas, cuja abordagem ocorre de forma essencialmente algébrica. Para isso, utilizamos como metodologia investigativa a ED em suas duas fases iniciais, alicerçadas na TSD e ao uso do GeoGebra, a fim de se explorar os aspectos da visualização geométrica dos termos da sequência.

De acordo com o referencial adotado, constatamos que o GeoGebra pode contribuir por meio da visualização gráfica dos termos da sequência, com suas janelas interativas e dinâmicas, para a melhoria do processo de ensino desse tema, cuja característica principal é uma abordagem algébrica e estática.

Notamos também que a utilização do *software* GeoGebra no ensino desse tema, pode ajudar o trabalho do estudante que habitualmente está submetido a métodos menos inovadores. Ademais, destacamos que as fases da TSD proporcionam aos estudantes uma interação com o assunto em um nível que dispensa inicialmente a necessidade do conceito.

Ressaltamos que todos os trabalhos encontrados sobre essa temática tratavam do assunto de forma algébrica, abrindo espaço para no futuro se desenvolverem outros trabalhos com essa mesma temática sobre o ensino de progressões pautado na visualização gráfica, apoiado na utilização do *software* GeoGebra, que buscam respostas sobre como ele poderá contribuir para uma mudança de compreensão das Progressões de ordem superior no Ensino Médio, pois, se trata de um assunto presente nesse nível de ensino e cobrado como conhecimento necessário na formação básica.

Por fim, como sugestão para futuros trabalhos, pretendemos empregar essa e/ou outras situações de ensino semelhantes em um experimento prático com estudantes, buscando reconhecer as contribuições para a melhoria tanto dos processos de ensino quanto da aprendizagem das Progressões de ordem superior. Neste trabalho propomos trabalhar com a formação continuada em serviço e abrimos a possibilidade para a formação inicial dessa temática em um outro nível de ensino.

REFERÊNCIAS

ALMOULOUD, S. A. **Fundamentos da didática da matemática.** Curitiba: UFPR, 2007.

ALVES, F. R. V. Situações Didáticas Olímpicas (SDOs): Ensino de Olimpíadas de Matemática com Arrimo no Software GeoGebra como Recurso na Visualização.

Revista Alexandria, v. 13, n. 1, p. 319 - 349, 2020. DOI: http://dx.doi. org/105007/1982-5153.2020v13n1p319.

ALVES, F. R. V. Engenharia Didática para a s-Sequência Generalizada de Jacobsthal e a (s,t)-Sequência Generalizada de Jacobsthal: análises preliminares e a priori. **Unión Revista Iberoamericana de Educação Matemática**. n. 51, 2017. Disponível em: https://union.fespm.es/index.php/UNION/article/view/387. Acesso em 25 jun. 2021.

ALVES, F. R. V. Situação Didática Olímpica (SDO): aplicações da teoria das situações didáticas para o ensino de olimpíadas. **Revista Contexto & Educação**, ano 36, n. 113, 2021. DOI: http://dx.doi.org/10.21527/2179-1309.2021.113.116-142.

ARTIGUE, M. Ingenieria Didática. In: Artigue, M.; Douady, R.; Moreno, L.; Gomez, P. **Ingeniéria didática em Educacion Matemática**. Bogotá: Grupo Editorial Iberoamérica, cap. 4, p. 33-59, 1995.

BOYER, C. B. **História da Matemática**. Tradução: Elza F. Gomide. São Paulo: Edgar Blücher, 1974.

BROUSSEAU, G. Fondements et méthodes de la didactique des mathématiques. **Recherches en Didactique des Mathématiques**, v. 7, n. 2, p. 16-33, 1986.

CARVALHO, E. F.G.; SILVA, T. G. R.; SCIPIÃO, L. R. N. P.; ALMEIDA NETO, C. A.; ANDRADE, W. M.; OLIVEIRA NETO, J. E.; FERREIRA, A. D.; SANTOS, M. J. C. As tecnologias educacionais digitais e as metodologias ativas para o ensino de matemática. **Brazilian Journal of Development**, v. 7, n. 1, p. 3153-3169, 2021. DOI:10.34117/bjdv7n1-214.

MARCHETTO, R. **O uso do Software GeoGebra no estudo de progressões Aritméticas e Geométricas, e sua relação com Funções Afins e Exponenciais**. (Dissertação de Mestrado em Ensino de Matemática). Universidade Federal do Rio Grande do Sul, Porto Alegre. 2017. Disponível em: 001056933.pdf (ufrgs.br). Acesso em 03 nov. 2020.

MAROSKI, W. M. Termo geral de uma progressão aritmética de k-ésima ordem. **REMAT**, v. 3, n. 2, p. 116-123, 2017. Disponível em: https://dev7b.ifrs.edu.br/site_periodicos/periodicos/index.php/REMAT/article/view/2410. Acesso em 11 abr. 2022.

NOBRE, J. F. F.; ROCHA, R. A. Progressões Aritméticas de ordem superior. **Sociedade Brasileira de Matemática - SBM**, v. 6, n. 1, p. 35 - 48, 2018. https://doi.org/10.21711/2319023X2018/pmo63.

NUNES, R. S. O; GOMES, J. S. Progressões aritméticas e geométricas de ordem superior e suas relações. **Revista Eletrônica da Sociedade Brasileira de Matemática**, v. 8, n. 4, 2020. https://doi.org/10.21711/2319023x2020/pmo840.

ROCHA, R. Progressões geométrico-aritméticas e aritmético-geométricas generalizadas. **Revista Eletrônica da Sociedade Brasileira de Matemática**, v. 7, n. 1, 2019. https://doi.org/10.21711/2319023x2019/pmo73.

VARGAS, C. V; NOGUTI, F. C. H. Progressão aritmética: uma proposta de ensino e aprendizagem através da Resolução de Problemas. **Revista de Educação Matemática**, v. 17, p. 01-21, 2020. https://doi.org/10.37001/remat25;269062v17id275.

CAPÍTUO 5

ENGENHARIA DIDÁTICA: UMA EXPERIÊNCIA DE VISUALIZAÇÃO GEOMÉTRICA PARA A SEQUÊNCIA DE MERSENNE COM APORTE DO GEOGEBRA

Carla Patrícia Souza Rodrigues Pinheiro
Ulisses Lima Parente
Diego da Silva Pinheiro

Resumo

Este trabalho é um recorte de uma dissertação de mestrado cujo objetivo foi desenvolver a visualização geométrica da sequência de Mersenne em uma prática de ensino, com aporte do *software* GeoGebra. Utilizamos como metodologia de pesquisa a Engenharia Didática, que nos deu subsidio para uma revisão bibliográfica em pesquisas como Mangueira (2022) e Catarino, Campos e Vasco (2016). A prática de ensino foi amparada pela Teoria de Situações Didáticas, para analisar os comportamentos dos estudantes ao longo de seu percurso. Seu desenvolvimento ocorreu em um curso de Licenciatura em Matemática no Instituto Federal de Educação, Ciências e Tecnologia do Ceará, com quatro estudantes matriculados na disciplina da História da Matemática. Para finalizar, houve a apresentação do material produzido pelos estudantes, durante os encontros, através da coleta de dados, realizada por meio de gravações de áudio e vídeo, que validam as definições exploradas no processo matemático da sequência de Mersenne.

Palavras-chave: Sequências recorrentes. Números de Mersenne. GeoGebra. Ensino de Matemática.

INTRODUÇÃO

As sequências recursivas e lineares normalmente são pouco exploradas nos cursos de Licenciatura em Matemática (VIEIRA; ALVES, 2020). Contudo, esses autores afirmam que, quando existem estudos sobre estas sequências, a abordagem geralmente está relacionada a álgebra.

Diante dessas informações, foram realizadas algumas pesquisas no que tange à sequência de Mersenne, devido esta ser uma sequência aritmética e linear, com particularidades intrigantes. Baseado nos trabalhos de Mangueira (2022) e Catarino, Campos e Vasco (2016), observamos que essa sequência é explorada somente por meio de demonstrações algébricas em torno de suas propriedades.

Diante disso, o objetivo desse trabalho é desenvolver a visualização geométrica da sequência de Mersenne em uma prática de ensino com aporte do *software* GeoGebra.

Para alcançarmos este objetivo, utilizamos como metodologia de ensino a Engenharia Didática, enquanto para a sua execução, usamos as fases da Teoria das Situações Didáticas, a fim de observar o comportamento dos estudantes durante o processo de ensino da sequência de Mersenne.

A situação didática foi desenvolvida com quatro alunos do 6º semestre do curso de Licenciatura em Matemática do Instituto Federal de Educação, Ciência e Tecnologia do Ceará (IFCE – campus Fortaleza), na disciplina de História da Matemática. Como suporte à construção dessa situações didáticas, a partir de uma abordagem geométrica da sequência de Mersenne, utilizou-se o *software* GeoGebra, explorando definições matemáticas e particularidades dessa sequência de forma visual. Sousa, Azevedo e Alves (2021) afirmam que o GeoGebra, enquanto recurso associado à prática do professor, contribui para a apresentação de conteúdos de compreensão complexa por uma perspectiva mais dinâmica.

Assim, nas seções seguintes apresenta-se a experiência de visualização geométrica para a sequência de Mersenne, a partir da Engenharia Didática com amparo das dialéticas da Teoria das Situações Didáticas e do *software* GeoGebra.

TEORIA DAS SITUAÇÕES DIDÁTICAS

Essa teoria de ensino se define como um conjunto de situações que são desenvolvidas com intenções didáticas e, quando aplicadas ao contexto escolar, tem como objetivo observar o comportamento dos estudantes (OLIVEIRA, 2018). Dessa forma, Almouloud (2007) afirma que o propósito de estudo dessa teoria não é o cognitivo, mas a situação didática elaborada, no intuito de identificar as correlações estabelecidas entre o professor, o aluno e o saber.

A Teoria das Situações Didáticas (TSD), desenvolvida por Guy Brousseau (1997), traz elementos fundamentais para o ensino, pois estes são importantes tanto para o professor quanto para o estudante no processo de ensino e de aprendizagem, visto que se relacionam por um meio (*milieu*).

Assim, Almouloud (2007, p. 37) afirma que existem três tipos de dialéticas: "trocas diretas para uma ação ou uma tomada de decisão, trocas de informações numa linguagem codificada, trocas dos argumentos". Essas dialéticas são criadas a partir de situações que estudam o comportamento associado ao saber em jogo dentro do *milieu*.

Com efeito, a TSD é composta por quatro fases com o objetivo de investigar o processo de ensino e de aprendizagem. "Nessas fases interligadas, podem-se observar tempos dominantes de ação, de formulação, de validação e de institucionalização" (ALMOULOUD, 2007, p. 36). Por conseguinte, foram estudadas as características de cada etapa.

A fase da ação é a primeira, que tem como objetivo envolver o estudante no processo de aprendizagem. Nessa perspectiva, o aluno tem o livre arbítrio para interagir sem a necessidade de seguir regras, ou seja, o estudante pode pensar sobre a ação e fazer as modificações. Nessa etapa, o professor não faz intervenções. No caso do *milieu*, este influencia a ação do sujeito. "Assim, o aluno pode melhorar ou abandonar seu modelo para criar um outro: a situação provoca assim uma aprendizagem por adaptação" (ALMOULOUD, 2007, p. 37).

Dessa forma, a fase da ação admite que o estudante realize procedimentos sem interrupções, de acordo com seus conhecimentos prévios com o propósito de solucionar a situação problema proposta (PAIS, 2015). Portanto, o estudante nesse momento faz uso de conhecimentos intuitivos e experimentais.

A partir disso, temos a fase da formulação. Nesta fase ocorre a apresentação de um raciocínio teórico pelo estudante, formulando argumentos para as soluções, que porventura venham a ser validadas ou contestadas. Assim, esse raciocínio aparece como "um procedimento experimental e, para isso, torna-se necessário aplicar informações anteriores" (PAIS, 2015, p. 72). Nesse momento, os estudantes apresentam explicações de suas soluções orais ou escritas, a partir de um ponto de vista conhecido, ou trazendo novas abordagens. Nessa etapa, também ocorre uma linguagem usual para a troca de informações. Nessa ocasião, o professor pode intervir, mas apenas para mediar o diálogo.

Na terceira fase, a validação, espera-se que os estudantes argumentem e justifiquem suas soluções em uma linguagem mais formal e, dependendo do contexto, façam uso de provas e demonstrações. Almouloud (2007, p. 39) destaca que "[...] a teoria funciona, nos debates científicos e nas discussões entre alunos, como *milieu* de estabelecer provas ou refutá-las". Por essa razão, a linguagem torna-se mais formal, ou seja, teórica (científica). Segundo Almouloud (2007), esta fase tem a finalidade de validar as asserções que foram formuladas no momento das etapas da ação e formulação.

Por fim, realiza-se a institucionalização, em que o professor participa diretamente, com o propósito de identificar, sistematizar e reconhecer o saber construído a partir da situação didática proposta, por meio da formalização e da generalização. Pais (2015) explica que, nesse momento, ocorre a passagem do conhecimento individual para uma visão histórica e cultural do saber.

Partindo desse cenário, a TSD teve papel fundamental na concepção e proposição de uma situação didática, que fez parte da estrutura de uma sequência didática desenvolvida no curso de mestrado. Para tanto, necessitou-se de uma abordagem matemática, que estabeleceu seu início na conjectura da ED, com a análise preliminares sobre a sequência de Mersenne e sua origem, seguindo para uma análise a *priori*, na perspectiva de construção de uma situação de ensino. Durante isso, nos apoiamos na TSD estruturar a o experimento e a coleta de dados. Por fim, na análise *a posteriori*, validamos a situação didática de acordo a ED.

No tópico a seguir, apresentamos a metodologia de pesquisa e como ela foi utilizada para a execução da situação didática.

ENGENHARIA DIDÁTICA

A Engenharia Didática (ED) é uma metodologia de pesquisa que tem uma proposta experimental, com foco na estruturação de situações didáticas sobre determinado objeto do conhecimento matemático a serem desenvolvidas, observadas e analisadas durante o processo de ensino e de aprendizagem (ARTIGUE, 1995).

Dessa maneira, essa metodologia permite que o professor, ao mesmo tempo, pesquisador, tenha suas produções utilizadas "em pesquisas que estudam os processos de ensino e aprendizagem de um dado objeto matemático e, em particular, a elaboração de gêneses artificiais para um dado conceito" (ALMOULOUD, 2007, p. 171).

Essa metodologia está dividida em quatro fases: análises preliminares, análise a *priori*, experimentação, análise a *posteriori* e validação. Essas fases são explicadas ao longo da apresentação da situação didática proposta.

ANÁLISES PRELIMINARES

Nas análises preliminares foi realizado um levantamento bibliográfico nos trabalhos de Shailesh A Shirali (2013), Catarino, Campos e Vasco (2016), Mangueira (2020) para a sequência de Mersenne e uma "análise epistemológica do ensino atual e seus efeitos, das concepções dos alunos, dificuldades e obstáculos e análise do campo das restrições e exigências no qual vai se situar a efetiva realização didática" (ALMOULOUD; SILVA, 2012, p. 26).

Marin Mersenne (1588-1648) foi matemático, teórico musical, padre, teólogo e filósofo. Mersenne fez um trabalho original em acústica e com os números primos. Atualmente, seu nome está relacionado aos números primos chamados de primos de Mersenne.

Segundo Catarino, Campos e Vasco (2016), a identidade explorada nesse trabalho para a construção da situação didática, é chamada de Fórmula de Binet para a sequência de Mersenne, e vem do fato de que os números dessa sequência também podem ser definidos recursivamente por:

$$M_{n+1} = 2M_n + 1$$

para $M_0 = 0$ e $M_1 = 1$. Como essa sequência recorrente não é homogênea, substituindo n por $n + 1$, temos uma nova representação:

$$M_{n+2} = 2M_{n+1} + 1$$

Subtraindo essas duas equações, temos:

$$M_{n+2} - M_{n+1} = 2M_{n+1} + 1 - 2M_n - 1$$

$$M_{n+2} = M_{n+1} + 2M_{n+1} - 2M_n$$

$$M_{n+2} = 3M_{n+1} - 2M_n$$

Essa equação é outra forma para a relação de recorrência da sequência de Mersenne, com condições iniciais $M_0 = 0$ e $M_1 = 1$. Sabe-se que a equação característica é representada por uma equação quadrática $x^2 - 3x + 2 = 0$, cujas raízes são 2 e 1. Dessa maneira, temos que a raiz de valor 2 representa a relação de convergência entre os termos vizinhos da sequência.

Catarino, Campos e Vasco (2016, p. 39) fornecem algumas identidades com os números de Mersenne, apresentadas nos parágrafos que se seguem.

Identidade 1: (Identidade de Catalan) Para todo $n \geq r$ temos:

$$M_{n-r}M_{n+r} - M_n^2 = 2^{n+1} - 2^{n-r} - 2^{n+r}$$

Prova: Usando a fórmula de Binet, obtemos que:

$$M_{n-r}M_{n+r} - M_n^2 = (2^{n-r} - 1)(2^{n+r} - 1) - (2^n - 1)^2$$

$$= 2^{2n} - 2^{n-r} - 2^{n+r} + 1 - 2^{2n} + 2^{n+1} - 1$$

$$= 2^{n+1} - 2^{n-r} - 2^{n+r}$$

Observe que para $r = 1$ na Identidade de Catalan obtida, surge o que é denominado por Identidade de Cassini para esta sequência. De fato, a equação de Catalan, para $r = 1$, produz:

$$M_{n-1}M_{n+1} - M_n^2 = 2^{n+1} - 2^{n-1} - 2^{n+1}$$

E obtemos como resultado a *Identidade 2.*

Identidade 2: (Identidade de Cassini):

$$M_{n-1}M_{n+1} - M_n^2 = -2^{n-1}$$

Novamente, usando a fórmula de Binet, obtemos outra propriedade da sequência de Mersenne, indicada na proposição a seguir:

Proposição 1. Se M_n é o n-ésimo termo da sequência de Mersenne, então temos:

$$\frac{M_n}{M_{n-1}} = r_1$$

Prova:

$$\frac{M_n}{M_{n-1}} = \frac{(2^n - 1)}{(2^{n-1} - 1)} = \frac{(1 - \frac{1}{2^n})}{(\frac{1}{2} - \frac{1}{2^n})}$$

Desde $\left|\frac{1}{2}\right| < 1, \left(\frac{1}{2}\right)^n = 0$. Em seguida usamos esse fato na *Proposição 1*, obtendo:

$$\frac{M_n}{M_{n-1}} = \frac{1}{\frac{1}{2}} = r_1$$

Além disso, podemos demonstrar este resultado usando conceitos básicos do cálculo de limites e a *Proposição 1*.

Corolário 1. Se M_n é o n-ésimo termo da sequência de Mersenne, então:

$$\frac{M_{n-1}}{M_n} = \frac{1}{r_1}$$

Com base nas identidades e informações adicionais apresentadas, seguimos com a análise *a priori*, em que trazemos a concepção da situação didática.

ANÁLISE *A PRIORI*

Nessa etapa da Engenharia o professor realiza o planejamento do conteúdo definido na fase anterior. Nesse momento, são decididas quais as variáveis que compõem o ensino desse tema, que são pertinentes em uma situação didática.

Dessa maneira, Artigue (1988) relata que esta é uma possibilidade de controle dentro ED, o que permite inferir as necessidades e possíveis obstáculos dos estudantes de acordo com a situação didática a ser proposta, levando em consideração o público-alvo da pesquisa. Nesta análise a *priori* foi realizada a concepção da situação didática por meio da TSD com o amparo do GeoGebra.

Para a concepção desta situação didática, deve se iniciar com o seguinte questionamento: qual a relação da área desses retângulos com a identidade de Mersenne? Em seguida apresentar a lei de recorrência que define a sequência de Mersenne $M_{n+2} = 3M_{n+1} - 2M_n$, com a condição $M_0 = 0$ e $M_1 = 1$.

Para introduzir um *milieu* que embase a construção da fase da *ação*, o professor apresenta as Figuras 1, 2 e 3:

Figura 1: Operações entre áreas de retângulos (1ª parte).

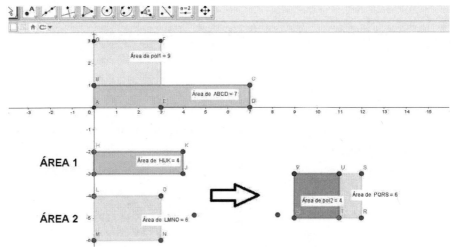

Fonte: Elaborada pelos autores (2022).

Figura 2: Operações entre áreas de retângulos (2ª parte).

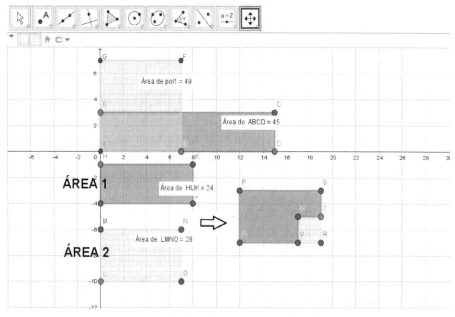

Fonte: Elaborada pelos autores (2022).

Figura 3: Operações entre áreas de retângulos (3ª parte).

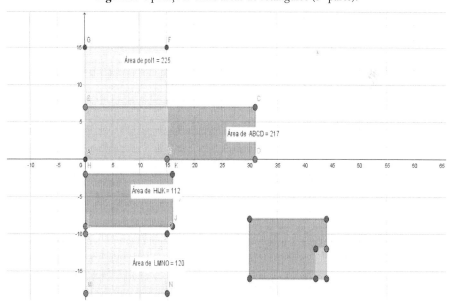

Fonte: Elaborada pelos autores (2022).

Nesse momento, espera-se que os estudantes observem as áreas dos quadriláteros das Figuras 1, 2 e 3, por meio de três passos, iniciando a fase da ação.

Em um primeiro passo, os estudantes devem observar a primeira imagem, que são dois quadriláteros com uma intersecção. No segundo passo, devem ser observados os dois quadriláteros de modo separado, sem a imagem de interseção, compondo duas figuras distintas. No terceiro passo, devem ser observadas a subtração entre as áreas dos quadriláteros, que por sua vez estabelecem que a segunda interseção deve ser apresentada, para que a sua identidade possa ser compreendida por duas unidades de medida.

Na fase da *formulação*, espera-se que os alunos associem os números de Mersenne a cada lado do quadrado e retângulo apresentados. Almeja-se que eles observem também que existem valores fixos para cada termo da identidade, tornando as conjecturas mais fáceis de serem provadas.

Para a *validação*, espera-se que ao encontrar a relação entre as áreas e os números de Mersenne na situação didática, os estudantes realizem as operações de subtração e consigam generalizar a identidade de Mersenne $M_{n-1}M_{n+1} - M_n^2 = -2^{n-1}$, demonstrando por meio da relação dos números de Catalan.

Com base nas fases anteriores, na *institucionalização*, o professor pode apresentar essa demonstração com a fórmula de Binet, mas reforçar também que esta relação pode ser provada por um limite tendendo ao infinito, baseado nos estudos de Catarino, Campos e Vasco (2016, p. 39). No próximo tópico apresentamos a terceira fase da ED, a experimentação, na qual detalhamos a aplicação da situação didática.

EXPERIMENTAÇÃO

Esta etapa teve como objetivo colocar em prática todo o instrumental elaborado na fase anterior. Após as etapas mencionadas anteriormente, realizou-se a experimentação da situação didática e a coleta de dados. Verificamos o comportamento dos estudantes diante da atividade proposta, a partir da observação de elementos importantes em um contexto didático-metodológico.

No caso deste trabalho, foi apresentada e desenvolvida uma situação didática, para a construção da transposição didática sobre a identidade relativa à sequência de Mersenne, por meio do *software* GeoGebra, a partir de uma perspectiva geométrica.

Durante a experimentação, coletamos e organizamos um *corpus* de pesquisa variado, composto por produções dos estudantes, registros de perguntas e erros constatados durante o acompanhamento de suas ações e diários de classe dos ministrantes. A análise desse material foi essencial para a etapa da validação (CARNEIRO, 2005, p. 105)

A situação didática foi desenvolvida durante dois encontros, com duração de 50 minutos cada, em um grupo de quatro estudantes denominados por E1, E2, E3 e E4 e matriculados na disciplina de História da Matemática, do Instituto Federal de Educação, Ciência e Tecnologia do Ceará (IFCE - *campus* Fortaleza), no ano de 2022. Essa atividade foi incorporada à disciplina, no curso de Licenciatura em Matemática, no primeiro semestre do ano referido.

A atividade foi planejada e desenvolvida em dois encontros da seguinte forma: No primeiro encontro, foi formalizado o contrato didático, bem como o contexto histórico em relação à sequência de Mersenne. No segundo encontro, a aplicação da situação didática.

No primeiro momento foi feito um contrato didático, no qual estabelece um acordo de convivência com os estudantes participantes. A respeito do contrato didático, deve-se conhecer como "uma relação que determina – explicitamente em pequena parte, mas sobretudo implicitamente – aquilo que cada parceiro, professor e aluno tem a responsabilidade de gerir e pelo qual será, de uma maneira ou de outra, responsável perante o outro" (BROUSSEAU, 1986 apud ALMOULOUD 2007, p. 89).

Ademais, esse contrato existe poucas regras evidentes, enquanto "as implícitas são elaboradas a partir de natureza intrínseca da Matemática, como formalismo, abstração e rigor, além de considerar as diferenças habituais de concepções dos professores de Matemática" (OLIVEIRA, 2018, p. 38).

A respeito da escolha do *software* GeoGebra, esta ocorreu por ser uma ferramenta dinâmica, que propõe ao processo de ensino e de aprendizagem uma interação a partir do controle das ações desenvolvidas durante o estudo de uma maneira gradual, de acordo com a necessidade do estudante (RIBEIRO; SOUZA; 2016). Essa ferramenta tende a criar elementos de visualização por meio de construções geométricas, possibilitando a aprendizagem dos conteúdos ao manipular os objetos através da tela do computador ou de aparelhos celulares.

Para a coleta de dados foram utilizados recursos como gravador e celular, no intuito de capturar imagens, áudios e vídeos dos estudantes durante a resolução da situação didática, com o devido consentimento dos participantes. Vale ressaltar que a atividade proposta foi elaborada e analisada fundamentadas nas dialéticas da TSD.

ANÁLISE A *POSTERIORI* E VALIDAÇÃO

Almouloud e Coutinho (2008) afirmam que, nessa fase, o pesquisador traz de modo organizado, um conjunto de dados obtidos dos resultados da etapa da experimentação, pensando na melhoria dos conhecimentos, no processo de ensino e nas condições da transposição de um determinado assunto.

Ainda sobre a análise a *posteriori* e os resultados obtidos na sala de aula, "a validação é essencialmente interna, fundada no confronto entre a análise *a priori* e a análise *a posterior*" (CARNEIRO, 2005, p, 105). Nessa análise a *posteriori*, para validarmos a situação didática, foi apresentado o contexto histórico sobre os números primos, com destaque às contribuições de Mersenne. Assim, os estudantes foram instruídos a encontrar os números de Mersenne por meio da definição $M_{n+2} = 3M_{n+1} - 2M_n$, com a condição $M_0 = 0$ e $M_1 = 1$.

A partir desse primeiro passo, foi iniciada a fase da *ação*, na qual os alunos elaboraram estratégias para criar um método de resolver a situação didática (BROUSSEAU, 1997). Com base nas Figuras 1, 2 e 3, foi feito o seguinte questionamento pela professora/pesquisadora: *Qual a relação da área desses retângulos com a identidade de Mersenne?* Com base nas Figuras 1, 2 e 3 apresentadas, o estudante E1 afirmou:

> *- Professora, observando as imagens percebi que a área 1 é menor que a área 2, logo o resultado sempre será negativo (E1).*

Logo, a professora/pesquisadora indagou:

> *- Como você pode mostrar isso aritmeticamente? Você pode mostrar para os seus colegas aqui no quadro? (professora/pesquisadora).*

Após uma pausa, o estudante E3 foi ao quadro para fazer essa associação, como mostra a Figura 4:

Figura 4: Formulação do estudante E3.

Fonte: Dados da pesquisa (2022).

Na *formulação*, o estudante E3 (Figura 4), explicou que foram utilizados os termos M_1 e M_3 para formar a primeira área, sendo utilizado o M_2 como termo associado ao lado do quadrado, que seria a segunda área.

Da mesma maneira, foram observados na Figura 1 os números M_2 e M_4, para formar a segunda área, que mostra a construção do quadrado.

Por conseguinte, na Figura 2, o estudante E3 mostrou que são utilizados os números M_3 e M_5 para construção da primeira área, sendo utilizado o M_4 o valor do lado do quadrado, que corresponde à segunda área.

Assim, para a fase da *validação*, os estudantes E2 e E4 chegaram à conclusão e mostraram a generalização da identidade de Mersenne, segundo Catarino, Campos e Vasco (2016), conforme a Figura 5:

Figura 5: Validação do estudante E3.

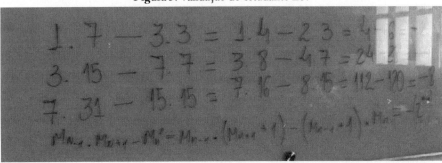

Fonte: Dados da pesquisa (2022).

Como mostra a Figura 5, os três casos relatados foram para n ≤ 2 ou seja, $n = 2$, $n = 3$ e $n = 4$. Logo, para a validação, o estudante E3 relatou que os lados da primeira área foram relacionados a dois dos termos da sequência de Mersenne, que foram, respectivamente, M_{n-1} e M_{n+1} e que a segunda área foi formada por um quadrado de lado M_n. Essa operação sempre resultará em número negativo de uma potência de base dois.

Concluiu-se que a situação didática foi realizada com êxito, pois o objetivo foi alcançado. Assim, com a participação da professora/pesquisadora, na fase de *institucionalização*, ela relatou que essa identidade foi conhecida também como identidade de Cassini e que foi uma generalização da identidade de Binet, relacionada aos números de Mersenne. Essa identidade pode ser provada também utilizando o limite de n tendendo ao infinito, de acordo com Catarino, Campos e Vasco (2016).

CONSIDERAÇÕES FINAIS

Este trabalho teve como objetivo mostrar uma abordagem geométrica da sequência de Mersenne, promovendo o entendimento das propriedades propostas por meio de área de quadriláteros, norteada pela Teoria das Situações Didáticas (TSD) e estruturada pela Engenharia Didática (ED), tendo o aporte do *software* GeoGebra. Buscou-se desenvolver o conhecimento sobre esta sequência para o estudo de suas leis de recorrência e identidades.

Inicialmente apresentamos um estudo bibliográfico sobre a sequência de Mersenne, em que observamos que este assunto é pouco explorado durante a trajetória acadêmica dos licenciandos em Matemática.

Assim, trouxemos um estudo sobre a lei de recorrência e suas identidades para o planejamento da situação didática desenvolvida. Na situação proposta, a sequência de Mersenne e suas particularidades foram exploradas utilizando o *software* GeoGebra. Durante seu desenvolvimento, a compreensão do estudante sobre o funcionamento da identidade e seu respectivo comportamento a partir do *software* foram essenciais para seu aprendizado.

Para finalizar, houve a apresentação do material produzido pelos estudantes durante o encontro, validando as definições exploradas no campo matemático e epistemológico da sequência de Mersenne, verificando a construção dos conceitos utilizados durante esta pesquisa.

Ao mesmo tempo, observamos também o papel imprescindível do professor durante a mediação da situação didática, apresentando definições importantes para o processo de ensino e de aprendizagem e incentivando a participação do estudante na construção do conhecimento.

Por fim, as dificuldades encontradas neste estudo foram a ausência da exploração ou falta de conhecimento sobre este assunto e a escassez de construções e/ou representações geométricas desta sequência. Esperamos que esta pesquisa possa incentivar outros trabalhos relacionados ao estudo das diferentes sequências numéricas em Matemática.

REFERÊNCIAS

ALMOULOUD, S. A. **Fundamentos da didática da matemática**. Curitiba: UFPR, 2007.

ALMOULOUD, S. A; COUTINHO, C. Q. S. Engenharia Didática: características e seus usos em trabalhos apresentados no GT-19/ANPEd. **Revemat: Revista Eletrônica de Educação Matemática**, v. 3, n. 1, p. 62-77, 2008.

ALMOULOUD, S. A; SILVA, M. J. F. Engenharia didática: evolução e diversidade. **Revemat**, v. 7, n. 2, p. 22-52, 2012. DOI: 10.5007/1981-1322.2012v7n2p22

ARTIGUE, M.; DOUADY, R.; MORENO,L.;GÓMEZ, P. **Ingenieria Didactica en Educación Matemática: Un esquema para la investigación y la innovación en**

la enseñanza y el aprendizaje de las matemáticas. [S.l.]: Bogotá: Grupo Editorial Iberoamericano, 1995.

ARTIGUE, M. Ingénierie Didactique. **Recherches en Didactique des Mathématiques,** v. 9, n. 3, p. 281-308, 1988.

BROUSSEAU, G. **Theory of didactical situations in mathematics**: Didactique des Mathématiques (1970-1990). Kluwer Academic Publishers, 1997.

BROUSSEAU, G. **Theorisation des phénomènos d" enseignement des mathématiques.** Thèse d'État, Université de Bordeaux I, 1986.

CARNEIRO, V. C. G. Engenharia Didática: um referencial para ação investigativa e para formação de professores de Matemática. **Zetetiké,** v.13, n. 23, p. 85-118, 2005.

CATARINO, P.; CAMPOS, H.; VASCO, P. On the Mersenne sequence. **Annales Mathematicae et Informaticae,** n. 46, p. 37–53, 2016.

MANGUEIRA, M. C. S. **Engenharia Didática: Um processo de hibridização e hiper-complexificação de sequências lineares recursivas.** Dissertação (Mestrado Acadêmico em Ensino de Ciências e Matemática). Instituto Federal de Educação, Ciência e Tecnologia do Ceará, Fortaleza, Brasil, 2022.

OLIVEIRA, R. R. **Engenharia Didática sobre o Modelo de Complexificação da Sequência Generalizada de Fibonacci: Relações Recorrentes N-dimensionais e Representações Polinomiais e Matriciais.** Dissertação (Mestrado Acadêmico em Ensino de Ciências e Matemática). Instituto Federal de Educação, Ciência e Tecnologia do Ceará, Fortaleza, Brasil, 2018.

PAIS, L. C. **Didática da Matemática: uma análise da influência francesa**. 3ª ed. Belo Horizonte: Editora Autêntica, 2015.

RIBEIRO, T. N.; SOUZA, D. N. A Utilização do *software* GeoGebra como ferramenta pedagógica na construção de uma unidade de ensino potencialmente significativa. **ReviSeM,** n. 1, p. 36 – 51, 2016. DOI: 10.34179/revisem.v1i1.4507

SOUSA, R. T.; AZEVEDO, I. F; ALVES, F. R. V. Engenharia Didática e Teoria das Situações Didáticas: um contributo ao ensino de Geometria Analítica com o software GeoGebra. **Revista Binacional Brasil-Argentina,** v. 10, n. 1, p. 357-379, 2021. DOI: https://doi.org/10.22481/rbba.v10i01.8447

SHIRALI, S. Marin Mersenne (1588-1648). **Ressonância,** v. 18, n. 3, 2013. DOI:10.1007/s12045-013-0034-2

VIEIRA, R. P. M.; ALVES, F. R. V. Engenharia Didática e sequência de Padovan e Tridovan: uma análise preliminar e a *priori*. **Revista Iberoamericana de Educación Matemática**, v. 16, n. 59, p. 227-251, 2020.

CAPÍTULO 6

SOBRE A CONSTRUÇÃO DE SIGNIFICADOS DOS NÚMEROS DECIMAIS

Edmilson Santos de Oliveira Júnior
Marluce Alves dos Santos

Resumo

Neste artigo dialoga-se sobre a Teoria das Situações Didáticas (TSD) e o Estagio Supervisionado de Matemática (ESM), disciplina obrigatória do Curso de Licenciatura em Matemática DEDCVIII, como espaço de elaboração de desenvolvimento de epistemologia da prática, ao realizar um projeto de intervenção sobre Números Decimais. Por meio do Projeto de Intervenção, intitulado "Compra no supermercado" apresenta-se a experiência de pesquisa sobre números decimais em uma turma de 6º ano do Ensino Fundamental, que teve o propósito de ampliar e/ou construir por meio de atividade prática novos significados para este conteúdo. A proposição metodológica por meio de pesquisa qualitativa acostada em reflexões teóricas sobre a TSD desenvolveu-se um projeto de intervenção sistematizado em uma sequência didática em identificação de problemas, necessidades e fatores determinantes da turma do 6º ano de uma escola pública da cidade de Paulo Afonso (BA). Conclui-se que, o uso da TSD na disciplina ESM como espaço de elaboração de conhecimento por meio de uma sequência didática em uma situação real, evidencia as potencialidades dos (as) alunos (as) em relação ao conteúdo matemático e a presença da matemática no seu cotidiano.

Palavras-chave: Teoria das Situações Didáticas. Estágio Supervisionado. Números Decimais. Sequência Didática.

INTRODUÇÃO

Bruno D' Amore inspirado em Guy Brousseau, no livro Elementos de Didática da Matemática (2007) considera a Didática da Matemática como a arte de conceber e conduzir condições que possam determinar a aprendizagem de um conhecimento matemático por parte de um sujeito. Didática da Matemática tem um sistema de objetos próprios, bem como metodologia de ensino e pesquisa, e critérios para validar o conhecimento. A Teoria das Situações Didáticas (TSD) tem como objeto de estudo dizer o que estuda a didática proposta por Guy Brousseau para compreender as relações entre os estudantes, professores e meio que acontece o aprendizado, e que o conhecimento está ligado a uma situação. Na TSD o estudante é tratado como um (uma) pesquisador (a) considerando que ao formular hipóteses, construir modelos, fazer comparações, participa ativamente do seu processo de aprendizagem.

O Estagio Curricular Supervisionado de Matemática (ESM 405h), disciplina obrigatória do Curso de Licenciatura em Matemática DEDCVIII. O ESM é o conjunto de atividades curriculares de aprendizagem profissional, que propiciam ao estudante a participação em situações práticas de vida e de trabalho profissional, realizado em instituição de Educação Básica, sob a responsabilidade do professor supervisor e realizado nos termos do Regulamento Geral de Estágio Supervisionado da UNEB aprovado através da Resolução nº 795/2007 – CONSEPE.

O principal objetivo da realização do Estágio Curricular Supervisionado de Matemática é preparar o profissional com sólida formação, capacitando-o para uma ação pedagógica em sala de aula, que possibilite ao aluno da educação básica e superior compreender a linguagem matemática, desenvolver o pensamento lógico dedutivo e utilizar-se do raciocínio matemático em situação do cotidiano e em outros campos do conhecimento. Um espaço de elaboração de desenvolvimento de epistemologia da prática, ao realizar um projeto de intervenção sobre Números Decimais, produzindo e disseminando conhecimento sobre prática de ensino, propício à formação inicial de professores, tecendo saberes para o campo educacional e sua complexidade.

O Projeto de Intervenção, intitulado "Compra no supermercado" oportunizou o desenvolvimento de uma experiência de pesquisa sobre números decimais em uma turma de 6ªano do Ensino Fundamental, que teve o propósito de ampliar e/ou construir por meio de atividade prática novos significados para este conteúdo. A proposição metodológica por meio de pesquisa qualitativa acostada em reflexões teóricas sobre a TSD desenvolveu-se um projeto de intervenção sistematizado em uma sequência didática em identificação de problemas, necessidades e fatores determinantes da turma do 6º ano de uma escola pública da cidade de Paulo Afonso-Ba.

A concepção de um Projeto de Intervenção deriva de uma correlação de valorização da atividade do estudante em sua formação inicial, bem como proporcionar condições de pesquisas no âmbito teórico e metodológico vivenciando o espaço escolar. A estrutura curricular pensada nesta direção viabiliza elaboração de projetos que estimula a prática o que permite uma via dupla de formação de professor e melhoria para o ensino e aprendizado em tempo real.

Conclui-se, portanto que com o uso da TSD os (as) alunos (as) foram desafiados a amoldar-se às condições de resolução de um novo problema considerando seus conhecimentos frente ao cotidiano. Com a disciplina ESM como espaço de elaboração de conhecimento por meio de uma sequência didática que auxiliou a organizar o trabalho em sala de aula em tempo real. Outrossim, cumprimento de todas as exigências necessárias ao ESM possibilitou uma postura reflexiva e investigativa em relação às experiências vivenciadas, saberes pertinentes ao exercício da docência em matemática, incentivando a também a iniciação a pesquisa.

REFERENCIAL TEÓRICO

Guy Brousseau, considerado um dos pioneiros da Didática da Matemática, desenvolveu a *Teoria Didática da Situação ou Teoria da Situação Didática*, que se baseia na ideia de que cada conhecimento ou saber pode ser determinado por uma situação, como uma ação entre duas ou mais pessoas. Esta teoria emergiu da condição para compreender as relações que acontecem entre alunos (as), professores e o saber em sala de aula, e ao mesmo tempo, situações que permitam analise cientificamente. (BROUSSEAU, 2002). A didática de um determinado conhecimento, objeto, fato, disciplina, pode ser redefinida como um projeto onde é possível adquirir esse conhecimento por meio de condições nas quais se evidencia determinadas peculiaridades.

Sobre Didática da Matemática, para Almouloud, (2010, p.14), "[...] é a ciência que tem por objetivo investigar os fatores que influenciam o ensino e a aprendizagem de matemática e o estudo de condições que favorecem a sua aquisição pelos alunos". Neste sentido, aprendizagem é um conjunto de modificações, comportamentos, e de realização de tarefas solicitadas, que assinalam conhecimento ou uma competência de um sujeito, que impõe a gestão de diversas condições, usa diferentes linguagens, de diferentes experiências e justificativas, colocadas em ação intencionalmente. A Didática da Matemática, portanto, preocupa-se em organizar conceitos e teorias que se ajustem com as particularidades de um determinado saber matemático.

A TSD possibilita reflexões sobre a organização pedagógica para sala de aula de como ministrar determinado conteúdo matemático. Segundo Brousseau (1998) uma situação didática é estabelecida quando ocorrem relações pedagógicas entre o (a) professor (a), aluno (a) e o conhecimento matemático em situação de aprendizagem, considerando o *milieu*. A compreensão do ambiente escolar tem relação com as situações adidáticas que consiste em favorecer ao aluno buscar por soluções com autonomia, e desta forma, foge do controle do (a) professor (a).

Uma vez que, o objeto de estudo na TSD não é o sujeito cognitivo, mas a situação didática, quatro hipóteses são apresentadas por Almouloud (2007, p.32) com ênfase nas interações estabelecidas entre o (a) professor (a), aluno (a) e saber, a seguir:

(i) O aluno aprende adaptando-se a um Milieu que é fator de dificuldades, de contradições [...]

(ii) O Milieu não munido de intenções didática é insuficiente para permitir a aquisição de um conhecimento matemático pelo aprendiz [...]

(iii) Esse Milieu e essas situações devem engajar fortemente os saberes matemáticos envolvidos no processo de ensino e aprendizagem.

(iv) No fundo, o ato de conhecer dá-se conta um conhecimento anterior, destruindo conhecimentos mal estabelecidos, superando o que, no próprio espírito, é obstáculo à espiritualização.

Neste sentido, a TSD tem como objeto de estudo dizer o que estuda a didática. Ou seja, entre os diversos objetos de estudos o *milieu* tem papel fundamental para fazer compreender o funcionamento das Situações A-didáticas que tem como objeto de estudo a definição das condições nas quais o sujeito é levado a "fazer" matemática sem as condições determinadas pelo (a) professor (a). Esta ideia está associada a discursão de Brito (2011) sobre o trabalho do matemático enquanto estudante partindo do pressuposto que dentro de um labirinto de conhecimentos é possível distinguir um novo conhecimento.

Segundo Brousseau (2002), o estudante em sua atividade intelectual está em atividade científica o que exige produzir, formular, provar, construir modelos, linguagens, dentre outras que são trocadas com outras pessoas em conformidade com o milieu. Neste sentido, o (a) professor(a) torna o conhecimento passível de fazer sentido ao aluno integrando novos conceitos, simulando uma microssociedade científica possibilitando meios de produzir conhecimento.

Esta última ideia interage com o ESM que possibilita o discente em sua formação inicial produzir uma microssociedade científica, por meio de um projeto de intervenção, criando um caminho para fazer um percurso teórico--metodológico, perguntas e resoluções de questões, como forma de dominar a situação problema. A ênfase de Pimenta e Lima (2012, p. 55), é que estágio supervisionado "[...] deixa de ser considerado apenas um dos componentes e mesmo um apêndice do currículo e passa a integrar o corpo de conhecimentos do curso de formação de professores".

No ESM ao desenvolver um projeto de intervenção pedagógica parte-se do pressuposto que existe um problema que precisa de solução individualmente ou coletivamente. O termo intervenção, inclusive, convoca a reflexão de saída do ponto de conforto à situação vivida. Na literatura brasileira, as diversas tendências metodológicas de pesquisa que envolvem o conceito de intervenção/participação apresentam certo desconforto entre pesquisadores quanto à sua compreensão.

Oliveira e Oliveira (1985) discutem sobre os pressupostos das pesquisas participativas que para desenvolver uma metodologia participativa, é necessária uma mudança na postura do (a) pesquisador (a) e dos (as) pesquisados (as), que são coautores do processo de diagnóstico da situação-problema e a forma que será construído o caminho para sua resolução, no curso do cotidiano que demanda desdobramentos de práticas e relações entre os participantes.

Um projeto de intervenção prevê a necessidade de fazer emergir a sair do lugar em acomodação, refletir sobre propostas efetivas criando planos com vistas à tomada de decisão. É, portanto, uma ação organizada para responder a uma determinada necessidade, uma proposta objetiva, com foco na resolução de um problema da realidade. Neste texto, dialoga-se sobre Números Decimais.

A fim de organizar uma gênese que permita um significado aceitável ao estudo sobre o ensino dos números decimais, a partir de um estudo epistemológico no ESM, seria necessário lançar alguma luz sobre as formas em que o decimal se manifesta e o seu *status* cognitivo. Entretanto, tal estudo, por ser muito extenso, não pode ser incluído neste texto. Contudo, aponta-se algumas questões.

Existem muitas maneiras de definir ou construir decimais matematicamente. Diferem na escolha do que é considerado conhecido como objeto matemático e como método de prova, mas o resultado é o mesmo onde existe uma maneira de mostrar à equivalência e o isomorfismo das estruturas resultantes. O sistema decimal é um sistema de numeração de posição que utiliza a base dez. Os dez algarismos indo-arábicos, a saber: 0 1 2 3 4 5 6 7 8 9 são para contar unidades, dezenas, centenas etc. da direita para a esquerda. Define-se o número decimal obtido a partir de adições e multiplicações que envolvem potências de 10 ou de 1/10. Todo número decimal é representado por somas (finitas ou infinitas) de termos que envolvem potências de 10 ou de 1/10. No sistema decimal o símbolo 0 (zero) posicionado à direita implica em multiplicar a grandeza pela base, ou seja, por 10 (dez).

Base Nacional Comum Curricular (2017), um documento de caráter normativo, de forma estruturada estabeleceu de forma explícita as competências que os (as) alunos (as) devem desenvolver ao longo de toda a Educação Básica e em cada etapa da escolaridade, como expressão dos seus direitos de aprendizagem. Dentro da unidade temática números, apresenta que para compreender o sistema de numeração decimal: características, leitura, escrita e comparação de números naturais e de números racionais representados na forma decimal, é necessário a habilidade de comparar, ordenar, ler e escrever números naturais e números racionais cuja representação decimal é finita, fazendo uso da reta numérica; reconhecer o sistema de numeração decimal (base, valor posicional e função do zero), utilizando, inclusive, a composição e decomposição de números naturais e números racionais em sua representação decimal.

Streefland (1991; 1997) aponta que relacionar números decimais com números fracionários e posteriormente com as operações fundamentais proporciona o desenvolvimento de estruturas mentais importantes para futuras aprendizagens e, em particular, o raciocínio multiplicativo

Examina-se, portanto, que no ensino dos números decimais os alunos geralmente são convidados a indicar resultados por meio de situações propostas que expressem uma fórmula e, na sequência, produza um decimal. As operações decimais são aprendidas com referência no sistema métrico, o que fundamentalmente envolve a possibilidade de desenvolver os cálculos com decimais e frações. Para que o aluno seja capaz de compreender, sem ser apenas por aplicação de métodos, é necessário discutir sobre o assunto envolvendo reflexões. Justamente, neste diálogo com os alunos como forma de estabelecer ou rejeitar provas que se estabelecem as situações didáticas que permitem simulação de validação para o resultado obtido.

METODOLOGIA

Para construir a metodologia desta pesquisa, considerou-se os seguintes procedimentos: revisão da literatura sobre Teoria das Situações Didáticas e Números Decimais que possibilitou o suporte da analise e discussão dos dados; aplicação da sequência didática que evidenciou a real situação do conhecimento matemático estudado.

O projeto de intervenção "Compras no supermercado" foi desenvolvido durante o Estágio Supervisionado de Matemática II com carga horária de 75h/a dividida em 25h/a para estudo teórico e metodológico para construção do projeto de intervenção, 15h/a para construção do projeto, 25h/a para aplicação do projeto e 15h/a para analisar as contribuições da realização deste projeto. O projeto de intervenção foi construído com o objetivo de ampliar o significado do conceito número decimal, partindo de uma situação real. Simular com os alunos situações do dia a dia permite reconhecer a matemática presente em suas experiências diárias, evidencia diferentes aspectos do conceito.

A sequência didática criada para este projeto foi possibilitar identificação da diversidade de representação decimal: uma figura geométrica - que pode ser dividida em 10 partes de igual área, mas diferentes formas em que cada uma representa a décima parte da figura, exploração do uso da reta numérica, explorar o uso do dinheiro – conceito útil para decomposição de unidade. A segunda fase da sequência é oferecido para os (as) alunos (as) panfleto de supermercado, onde são orientados para verificar cada item e preços.

Figura 1. Lista de Compras

LISTA DE COMPRAS TURMA 6º ANO "D"	
QUANTIDADE	PRODUTO
3 pacotes	ARROZ
4 pacotes	FEIJÃO
2 pacotes	MACARRÃO
1 lata/pacote	NESCAU
2 pacotes	LEITE EM PÓ
2 pacotes	BISCOITO RECHEADO
2 litros	REFRIGERANTE
2 kg	FRANGO
5 kg	CARNE
1 pacote	SABÃO EM PÓ
5 unidades	SABONETE
2 litros	ÁGUA SANITÁRIA
6 pacotes	AÇÚCAR
5 pacotes	CAFÉ
3 pacotes	FARINHA DE TRIGO

Fonte: Elaborada pelos autores (2023).

Na terceira fase, os (as) alunos (as) são convidados (as) a contruir uma lista de necessidades, diante do panfleto eles/elas recortam os itens e vai imaginando colocar no "carrinho de compras"

Figura 2. Tabela

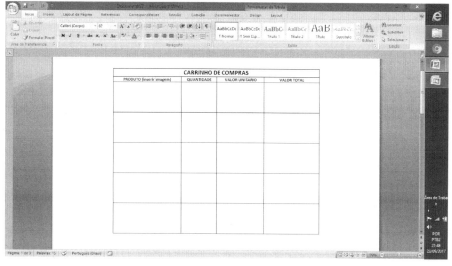

Fonte: Elaborado pelos autores

Na descrição da tabela 2 contendo quatro colunas e os (as) alunos (as) deveriam seguir o percurso:

- na primeira coluna, inserir a imagem do produto;
- na segunda, a quantidade do produto descrita na lista de compras;
- na terceira, inserir o valor unitário do produto que consta no panfleto;
- na quarta, o valor total, obtido através da multiplicação entre o valor unitário do produto pela sua respectiva quantidade.

Esta é a fase em que se apoia o recolhimento dos dados e a sua posterior discussão. O projeto de intervenção "Compra no Supermercado" foi a oportunidade de facultar aos alunos deles irem, eles mesmos, construindo a noção de decimal, proporcionar tarefas e vivências que lhes permitam fazê-lo junto com seus colegas de classe.

DISCUSSÃO

Segundo Lesh et al. (2000), atividades efetivas são promotoras de aprendizagem, aquelas que envolvem situações problemáticas com significado para os (as) alunos (as), exploração e aplicação dos modelos, realização de múltiplas abordagens e interpretações, e possibilitar autoavaliação do que foi desenvolvido.

Conforme tratado, anteriormente, no ambiente escolar há relação com as situações adidáticas que consiste em favorecer ao aluno buscar por soluções com autonomia, e desta forma, foge do controle do (a) professor (a). Uma vez que o objeto de estudo da TSD não é o sujeito cognitivo, mas a situação didática, analisa-se as quatro hipóteses apresentadas por Almouloud (2007, p.32) com ênfase nas interações estabelecidas na pesquisa entre o (a) professor (a), aluno (a) e saber, que fornecem elementos para reflexões não exaustivas. Observa-se a figura 3:

Figura 3. Dados da pesquisa

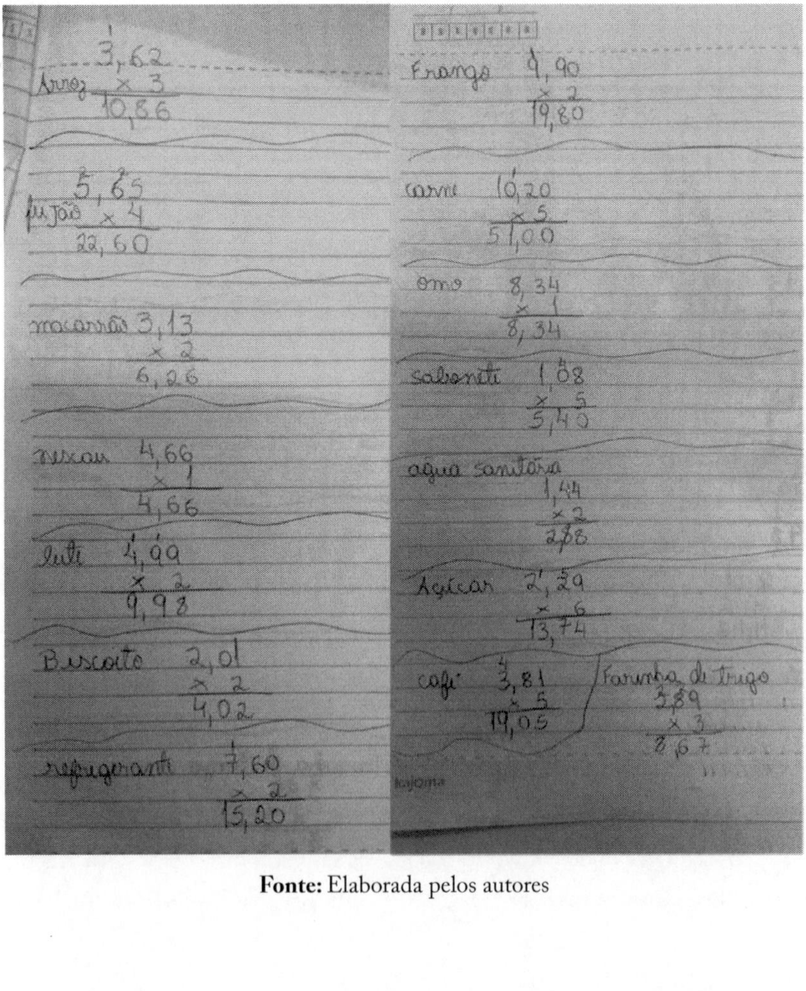

Fonte: Elaborada pelos autores

A situação simulada no projeto de intervenção "compra no supermercado" possibilitou evidenciar o que foi tratado por Almouloud (2007) que ao adaptar um Milieu a sala de aula a um supermercado um ambiente não vivido in loco foi um fator de dificuldades, de contradições. Os (as) alunos (as) esperavam que o professor comunicasse a resposta. Observou-se dificuldade na operação de multiplicar, em geral, a operação em que os alunos demonstram maiores dificuldades tal como na divisão.

Seguiu-se a indicação que o Milieu teria que estar munido de intenções didática para permitir a aquisição de um conhecimento matemático pelo aprendiz. Para este fim, foi utilizado paralelamente representação escrita permitindo abstrair e atribuir significado ao efetuar o cálculo. Desta questão, decorre o outro ponto discutido que as situações devem engajar fortemente os saberes matemáticos envolvidos no processo de ensino e aprendizagem. Como por exemplo, ao multiplicarem duas quantidades como do arroz (fig 3) R\$3,62 x 2 (quantidade) é igual a R\$10,86 onde deve considerar duas casas decimais (ALMOULOUD, 2007)

Neste sentido, ao tratar que no fundo, o ato de conhecer dá-se conta um conhecimento anterior, destruindo conhecimentos mal estabelecidos, é evidenciado quando a dificuldade em abordar a multiplicação diante de diferentes representações (ALMOULOUD, 2007). Desta forma, o professor encontrou uma justificativa para explicar que ao multiplicarmos números decimais, pode ocorrer a multiplicação de um número decimal por um inteiro, mas poderia ter ocorrido a multiplicação de um número decimal por um decimal superior à unidade, ou a multiplicação de dois números decimais inferiores à unidade.

Os (as) alunos (as) descreveram que conseguiram enxergar nitidamente a presença da matemática nas situações cotidianas e que a matemática é uma ciência muito importante para a vida, em todos os aspectos. Além disso, demonstraram satisfação em realizar a atividade proposta e que foi uma forma não só de revisar o conteúdo para a prova, mas tomou-se conhecimento para aplicação fora da sala aula.

CONSIDERAÇÕES FINAIS

A realização desse tipo de projeto no ESM, com o recurso a múltiplas representações (com sentido), promove nos (as) alunos (as) uma compreensão do que estão efetivamente fazendo. Neste sentido, o ESM não é acréscimo curricular de uma dimensão teórico-prática da matemática. Relacionar dialeticamente a teoria e a prática é desenvolver uma epistemologia da prática profissional com experiências e aprendizados no exercício da docência.

O fato de se abordar as representações dos números em decimais não exclui a possibilidade de trabalhar os fraccionários além de possibilitar que os alunos se consciencializem de diferentes representações para um mesmo valor. A realização desse tipo de tarefa, com o recurso a múltiplas representações com sentido, possibilita compreensão real do que estão fazendo, e favorecendo não se limitar a repetir mecanicamente determinado conjunto de regras sem que lhe tenham algum significado.

O fato de se abordarem conjuntamente as representações dos números em decimais e fraccionários possibilita que os alunos se consciencializem de diferentes representações para um mesmo valor, o mesmo ocorrendo quando se utilizam diversas quantidades como unidades discretas, ou distintos tipos de unidades.

REFERÊNCIAS

ALMOULOUD, Saddo Ag. **Fundamentos da didática da matemática**. 1ª ed. Curitiba: Editora UFPR, 2007. v. 1. 218 p.

BRITO, M. R. F. de. Psicologia da educação matemática: um ponto de vista. **Educar em Revista**, Curitiba, Brasil, n. Especial 1/2011, p. 29-45, 2011. Editora UFPR

BROUSSEAU, G. **Theory of didactial situations in mathematics** - Didactique des mathématiques, 1970-1990. Kluwer: New York, 2002

BROUSSEAU, G. **Theory of didactial situations in mathematics** - Didactique des mathématiques, 1970-1990. Kluwer: New York, 1988.

LESH, R. et al. Principles for developing thoughts-revealing activities for students and teachers. In: LESH, R. A.; KELLY, A. (Eds.). **Handbook of research design in mathematics and science education**. Mahwah, NJ: Lawrence Erlbaum Associates, 2000. p. 591-646.

OLIVEIRA, M. D. e OLIVEIRA, R. D. Pesquisa Social e Ação Educativa: Conhecendo a Realidade Para Poder Transformá-la. In C. R. BRANDÃO (org.), **Pesquisa Participante**. São Paulo: Brasiliense, 1985, pp. 83-95.

PIMENTA, S. G. & LIMA, M. S. L. **Estágio e docência**. São Paulo: Cortez, 2012.

STREEFLAND, L. **Fractions in realistic mathematics education:** a paradigm of developmental research. Dordrecht: Kluwer Academic Publishers, 1991.

_____. Charming fractions or fractions being charmed? In: NUNES, T.; BRYANT, P. (Eds.). **Learning and teaching mathematics:** an international perspective. Hove: Psychology Press, 1997. p. 347-371.

CAPÍTULO 7

TRANSFORMAÇÕES GEOMÉTRICAS E O GEOGEBRA: UMA ARTICULAÇÃO ENTRE OS ASPECTOS ALGÉBRICOS E GEOMÉTRICOS A PARTIR DE ITENS DO ENEM

Renata Teófilo de Sousa
Ana Paula Aires

Resumo

O tópico de transformações geométricas é recorrente em exames e avaliações de larga escala na Educação Básica brasileira. Entretanto, sua abordagem nos livros didáticos é realizada de modo superficial, sem considerar seus aspectos algébricos, o que reverbera em dificuldades para o estudante ao se deparar com situações visuais mais complexas. O objetivo deste trabalho é apresentar uma proposta didática que viabilize a visualização das transformações geométricas com o aporte do GeoGebra, explorando conjuntamente seus aspectos algébricos. Para atingir o objetivo do trabalho, a metodologia adotada para este estudo foi a Engenharia Didática (ED), em suas duas primeiras fases. Trazemos em nossa análise preliminar um levantamento histórico e epistemológico do tema, enquanto na análise *a priori*, apresentamos uma situação extraída do Exame Nacional do Ensino Médio (ENEM) sobre o tema, abordada com o *software* GeoGebra.

Palavras-chave: Transformações geométricas. GeoGebra. Visualização.

INTRODUÇÃO

A visualização geométrica é um tema bastante recorrente em pesquisas na área de matemática, onde uma das principais dificuldades encontradas nos problemas que envolvem a Geometria é a dificuldade na visualização e compreensão de objetos geométricos, sejam estes no plano ou no espaço (FISCHBEIN, 1993; PALLES; SILVA, 2012; LAGE; FROTA, 2011).

Segundo Lage e Frota (2011), a visualização geométrica é um processo em que as representações mentais adquirem um significado em sua existência, por meio da percepção e da manipulação de imagens visuais, colaborando para a emissão ou declaração de ideias e argumentos que descrevem a dinâmica mental relativa à imagem estudada. Nesse sentido, torna-se complexa a construção de tais imagens mentais para o estudante unicamente a partir de concepções teóricas.

Fischbein (1993) reitera que a associação entre conceito e figura inerente ao raciocínio geométrico expressa apenas uma situação extrema ideal, geralmente não alcançada de forma absoluta por causa de restrições psicológicas. Desta forma, a "dificuldade em manipular os conceitos figurais, ou seja, a tendência de negligenciar a definição sob a pressão das restrições figurais, representa um grande obstáculo no raciocínio geométrico" (FISCHBEIN, 1993, p. 155). Nesse sentido, compreende-se que as dificuldades na percepção e visualização de transformações geométricas no plano ou no espaço são oriundas do formato como tais representações figurais são apresentadas e construídas mentalmente pelos estudantes.

No que diz respeito aos diferentes tipos de transformações geométricas, como as isometrias e homotetias, estas são abordadas nos livros escolares dos anos finais do Ensino Fundamental. Contudo, é um assunto que pouco é retomado nos anos finais da Educação Básica, e quando ocorre, é de modo superficial, não considerando os aspectos algébricos envolvidos. Entretanto, por ser uma temática recorrente no Exame Nacional do Ensino Médio (ENEM), maior exame de seleção e ingresso no ensino superior do país, optamos pela realização deste trabalho como proposta de ensino.

Como forma de minimizar as dificuldades encontradas na visualização e percepção geométrica, trazemos o aporte do *software* GeoGebra. Sousa, Alves e Fontenele (2020) apontam que o GeoGebra tem grande potencial e pode fornecer ao docente uma maneira de incentivar os alunos a participarem nas aulas, por meio de uma exploração dinâmica de propriedades numéricas e geométricas. A visualização e a percepção são capazes de desempenhar um papel essencial na evolução da aprendizagem, configurando-se como uma ferramenta que pode auxiliar no estudo e compreensão de propriedades das transformações geométricas.

Assim, o objetivo deste trabalho é apresentar uma proposta didática que viabilize a visualização das transformações geométricas com o aporte do GeoGebra, explorando conjuntamente seus aspectos algébricos. Almejamos, ainda, fornecer alternativas ao docente para trabalhar com este tema na preparação de estudantes, não apenas para o ENEM, mas também para outras avaliações de larga escala e situações reais que envolvam conhecimentos algébricos e geométricos e forma inter-relacionada.

Para atingir o objetivo do trabalho, a metodologia adotada para este estudo foi a Engenharia Didática (ED), em suas duas primeiras fases - análises preliminares e análise *a priori* - por se tratar de um estudo inicial, elaborado com base em um levantamento teórico visando uma experimentação posterior. A ED foi escolhida pois é um método que traz "a opção por uma perspectiva sistemática de preparação, de concepção, de planejamento, de modelização e, possivelmente, a execução e/ou replicação de sequências estruturadas de ensino" (ALVES; DIAS, 2019, p. 2).

Portanto, nas seções seguintes trazemos uma análise preliminar que versa sobre os aspectos históricos e epistemológicos das transformações geométricas e a relação entre a visualização destas transformações e os aspectos algébricos envolvidos. Na análise *a priori* apresentamos uma proposta metodológica para o estudo deste assunto, subsidiada pelo *software* GeoGebra, com uso de um item do ENEM, além das considerações dos autores.

ANÁLISE PRELIMINAR

A análise preliminar de um estudo dentro da uma ED pode discorrer acerca de vertentes como a história, a epistemologia e a didática de um objeto matemático, como tem ocorrido seu ensino e efeitos, as distintas concepções, dificuldades dos estudantes, o estudo da transposição didática deste saber, considerando o sistema educativo, entre outros pormenores que dizem respeito especificamente ao objetivo da pesquisa (ALMOULOUD; COUTINHO, 2008; SOUSA; ALVES; SOUZA, 2022). No caso deste trabalho, buscamos realizar uma breve discussão histórica e epistemológica das transformações geométricas, a relação entre Álgebra e Geometria dentro do tema e algumas possibilidades de seu estudo pelo viés da Geometria Dinâmica.

Breve história e epistemologia das Transformações Geométricas

Ao buscar a origem do assunto, encontrou-se que as primeiras premissas sobre a utilização das transformações geométricas surgiram a partir de técnicas de perspectiva, tendo sua gênese na arte italiana a partir do século XV nas obras de Desargues (1591-1661). "Desargues vê em perspectiva. A elipse, a parábola, e a hipérbole são para ele perspectivas de um círculo. [...] Elas não passam de círculos deformados" (THIENARD, 1994, p. 16).

Segundo Mabuchi (2000), durante o período do Renascimento, muitos artistas e arquitetos manifestaram interesse na representação plana de figuras espaciais a partir do ponto de vista constituído pelo próprio olho. Assim, desenvolveu-se o estudo da projeção central ou projeção cônica e, em particular, o que se chama de *ponto de fuga*, sendo apenas no século XV o surgimento de elementos de perspectiva, como mencionado anteriormente:

> A relação entre a arte e a matemática também era forte na obra de Leonardo da Vinci (1452-1519), e a mesma combinação de interesses artísticos e matemáticos se encontra em Albrecht Dürer (1471-1528), na Alemanha. As noções renascentistas sobre perspectiva matemática seriam expandidas mais tarde para um novo ramo da geometria. A preocupação de pintores e artistas em representar objetos no espaço fez surgir a ideia de projeções centrais e paralelas e, consequentemente, aparecerem as noções de geometria projetiva e de geometria descritiva, importantes na gênese do conceito de transformações. (MABUCHI, 2000, p. 9).

Assim, as transformações geométricas passam a ser notadas dentro da ciência a partir do desenvolvimento da Geometria Analítica e da Cinemática no século XVII. Então, a partir do fim do século XVIII, as concepções de Desargues são retomadas de fato e estas transformações passam a atrair os pesquisadores matemáticos. Cayley, em um artigo de 1855, mostra isso, ao trazer as transformações geométricas como efeito do produto de matrizes, introduzindo-as para simplificar a notação de uma transformação linear (DOMINGUES, 2016).

Jahn (2002) aponta que o estudo das projeções e outras transformações foram estudados de forma articulada, a partir das inspirações de Poncelet e Chasles, em que se buscava conceituar transformações mais gerais que possuem os invariantes projetivos. Tais transformações aparecem sobretudo como recursos de demonstração entre os geômetras, mas os matemáticos que se dedicam à Análise e à Álgebra, debruçam-se sobre seus aspectos de invariância.

Ainda conforme a autora, o método das transformações passa a ser essencialmente aplicado em Geometria nas propriedades de funções. Tal abordagem e as conexões da Geometria com a Teoria dos Grupos foi explorada por Felix Klein, na segunda metade do século XIX, onde Klein descreve a Geometria como o estudo de propriedades das figuras que permanecem invariantes sob um determinado grupo de transformações (JAHN, 2002). Assim, as transformações passam a ter um papel importante neste campo de estudos, uma vez que propriedades geométricas se classificam e se caracterizam por suas transformações.

Conforme Almeida e Santos (2007) a Geometria Dinâmica pode viabilizar uma identificação mais acertada dos invariantes (propriedades e relações) a partir da transformação da figura geométrica em tempo real. Deste modo, seu registro figural passa de estático a dinâmico, possibilitando alterações que permitem que o estudante explore a figura sob outros aspectos, assimilando propriedades, conjecturando resultados e validando hipóteses levantadas.

Abordagem matemática das Transformações Geométricas e possibilidades com uso da Geometria Dinâmica

Lima (1996) traz que uma transformação geométrica no plano é uma correspondência biunívoca do conjunto dos pontos do plano nele mesmo. Particularmente, se F é uma figura no plano, a imagem de F por meio da transformação T é o conjunto F' dos pontos imagens de F, denotado por $F' = T(F)$. Em outras palavras, podemos dizer que as transformações geométricas são operações que podem alterar características de um objeto no plano ou no espaço, como sua posição, orientação, tamanho e forma. Dentre estas transformações, exploraremos as que se situam no plano, como as isometrias e a homotetia, que são princípios básicos para os conceitos de congruência e de semelhança, respectivamente.

As isometrias no plano são transformações geométricas que preservam a distância entre pontos (LIMA, 1996). São exemplos de isometrias: translações, rotações, reflexões e reflexões deslizantes. Assim, duas figuras são isométricas caso elas possuam a mesma forma e as mesmas dimensões, ou seja, são congruentes. Um exemplo disso está ilustrado na Figura 1:

Figura 1: Isometria entre retas no plano

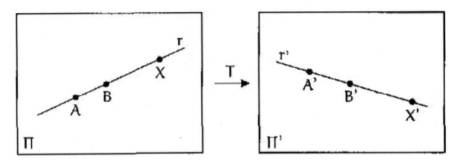

Fonte: Lima (1996, p. 14)

De acordo com a Figura 1, toda isometria $T: \Pi \to \Pi'$ transforma retas em retas (LIMA, 1996). Este é um entre diversos exemplos que podem ser apresentados com relação às isometrias no plano, como a simetria em torno de um ponto, a reflexão em torno de uma reta, a translação, entre outros. Lima (1996) classifica as isometrias e analisa as compostas de tais transformações.

No que diz respeito às homotetias, Puntel e Binotto (2003, p. 57) apontam, por definição, que estas "são transformações geométricas que não preservam a distância Euclidiana entre dois pontos, mas preservam a forma". Ou seja, duas figuras homotéticas são semelhantes e possuem seus lados homólogos paralelos, sendo tais características úteis para a resolução de problemas de construções geométricas, especialmente os casos que envolvem relação de tangência. Um exemplo de homotetia apresenta-se na Figura 2:

Figura 2: Ampliação ou redução de figuras por homotetia

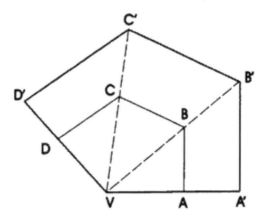

Fonte: Puntel e Binotto (2003, p. 59)

Na Figura 2 pode-se observar que o pentágono $VA'B'C'D'$ é uma ampliação do pentágono $VABCD$, com razão $k > 1$, sendo k a razão de semelhança entre os dois pentágonos. Este tema possibilita introduzir e desenvolver "a visualização de conceitos como números e medidas, percepção de semelhanças e diferenças e de regularidades ou não entre diversas estruturas, sem a necessidade de realizar sua definição formal prévia" (DELMONDI; PAZUCH, 2018, p. 661). E, nesse sentido, contribuem para o desenvolvimento da percepção visual do estudante, do ponto de vista geométrico.

Dito isto, a *homotetia* é uma transformação geométrica cujo efeito visual é a ampliação ou redução de figuras. Comumente tratamos o caso $k > 0$ (k pode ser dito como um fator de contração ou razão de semelhança), e chamamos o caso $k < 0$ de homotetia inversa. Em ambos os casos, quando $|k| > 1$, a figura gerada por homotetia é uma ampliação da figura inicial; quando $|k| = 1$, a figura gerada é congruente à inicial; e, no caso de $|k| < 1$, a figura homotética é uma redução da figura inicial.

Matematicamente, podemos dizer que nos espaços bidimensionais, uma abscissa e uma ordenada compõem um ponto. Já uma matriz do tipo 1×2 ou 2×1 pode descrever um ponto de um objeto no plano, enquanto uma matriz $n \times 2$ ou $2 \times n$ descreveria *todos os n pontos* de um objeto neste mesmo plano.

Para realizar uma transformação geométrica no plano podemos utilizar operações algébricas e, neste caso, o uso de matrizes é bastante viável, pois proporciona uma maior possibilidade de combinações de modo simples e eficiente (SANTOS, 2018). Transformar um objeto é transformar seus pontos, o que pode ser ilustrado por um produto de matrizes:

$$T = \begin{pmatrix} a & c \\ b & d \end{pmatrix} \cdot \begin{pmatrix} x \\ y \end{pmatrix} = \begin{pmatrix} ax + cy \\ bx + dy \end{pmatrix}$$

A *rotação* de um ponto $M(x, y)$ em α graus, no sentido horário e em torno da origem, por exemplo, é feita pela multiplicação da matriz $P = [x\ y]$ com a matriz $R = \begin{bmatrix} cos\alpha & -sen\alpha \\ sen\alpha & cos\alpha \end{bmatrix}$, que origina uma nova matriz $P' = P \cdot R$, com as novas coordenadas (x', y') do ponto (GARCIA; SOUZA, 2016).

Enquanto isso, a *reflexão* em torno de um eixo torna a reprodução de um objeto como se ele fosse visto dentro de um espelho. No plano, a reflexão pode ser em torno do eixo *0x* ou do eixo *0y*, podendo ser representada pelos produtos entre as matrizes $R_x = \begin{pmatrix} 1 & 0 \\ 0 & -1 \end{pmatrix} \cdot \begin{pmatrix} x \\ y \end{pmatrix}$., para uma reflexão com relação ao eixo *0x* e $R_y = \begin{pmatrix} -1 & 0 \\ 0 & 1 \end{pmatrix} \cdot \begin{pmatrix} x \\ y \end{pmatrix}$, que dada a brevidade deste trabalho, não apresentaremos estas demonstrações.

Já a *translação* nos possibilita o deslocamento de um objeto em uma direção, comprimento e sentido pretendido(s). Dito isto, podemos fazer o uso de vetores para representar tais deslocamentos, indicando direção, comprimento e sentido (SANTOS, 2021). Deste modo, a translação que é realizada pelo vetor $\vec{u} = (u_x, u_y)$ é dada pela transformação:

$$T_u(x, y) = (x, y) + (u_x, u_y)$$

A parte algébrica que compõe estas transformações pode ser trabalhada de forma conjunta com visualização geométrica pelo viés da Geometria Dinâmica. Nessa perspectiva, trazemos o *software* GeoGebra como uma sugestão de ferramenta pedagógica para o desenvolvimento deste tema, dada a sua potencialidade de associar álgebra, geometria e cálculo de forma interligada (SOUSA; ALVES; SOUZA, 2021). No que tange ao nosso tema, o GeoGebra propicia a construção de situações que permitem analisar como ocorrem as distintas transformações geométricas com uso das matrizes, a partir de pequenas mudanças nos valores. Além disso, o *software* também possibilita a resolução de problemas, manipulação, visualização e compreensão de conceitos, bem como uma exploração dinâmica de propriedades numéricas, algébricas e geométricas (ALVES, 2019), o que pode desenvolver competências e habilidades no estudante a partir da visualização e percepção, essenciais para a evolução da sua aprendizagem. Buscamos uma forma de exemplificar isto na construção da proposta de ensino deste trabalho.

Os aspectos algébricos que são naturalmente associados a este assunto pouco são explorados na Educação Básica, especialmente no nível médio. Porém, consideramos que uma abordagem que associe Álgebra e Geometria, assim como preconiza a Base Nacional Comum Curricular (BNCC) (BRASIL, 2018) pode contribuir, além da compreensão visual, para a construção do pensamento abstrato e a generalização de estruturas mais complexas, a partir da relação entre conceito e imagem.

ANÁLISE *A PRIORI*

Segundo Almouloud e Coutinho (2008), em uma análise *a priori* devemos levar em consideração as variáveis didáticas do estudo e todas as características da situação didática a ser desenvolvida, buscando ter controle, no sentido de previsibilidade dos possíveis comportamentos dos estudantes mediante uma situação didática, em que "as ações do aluno são vistas no funcionamento quase isolado do professor, que sendo o mediador no processo, organiza a situação de aprendizagem de forma a tornar o aluno responsável por sua aprendizagem" (ALMOULOUD; COUTINHO, 2008, p. 67).

Nesse sentido, escolhemos uma situação didática extraída do ENEM, visando explorar, além da perspectiva geométrica, alguns aspectos algébricos a partir da construção da solução da situação no GeoGebra e das possibilidades de manipulação de seus parâmetros pelo estudante.

Optamos por extrair uma questão deste exame, já que os itens de matemática do ENEM nos remetem à reflexão e percepção da geometria na realidade (RODRIGUES; SILVA, 2021). Desta forma, entendemos que o uso deste tipo de item pode alavancar o desenvolvimento do raciocínio matemático, especialmente no tocante à capacidade de abstração de conceitos e percepção de relações algébricas/geométricas.

Situação proposta

No Quadro 1 temos uma questão do ENEM do ano de 2018, que aborda o subtópico de rotações no plano:

Quadro 1: Situação proposta

A imagem apresentada na figura é uma cópia em preto e branco da tela quadrada intitulada O peixe, de Marcos Pinto, que foi colocada em uma parede para exposição e fixada nos pontos A e B. Por um problema na fixação de um dos pontos, a tela se desprendeu, girando rente à parede. Após o giro, ela ficou posicionada como ilustrado na figura, formando um ângulo de 45° com a linha do horizonte.

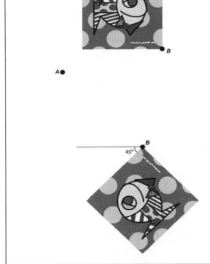

Para recolocar a tela na sua posição original, deve-se girá-la, rente à parede, no menor ângulo possível inferior a 360°. A forma de recolocar a tela na posição original, obedecendo ao que foi estabelecido, é girando-a em um ângulo de:

(A) 90° no sentido horário.
(B) 135° no sentido horário.
(C) 180° no sentido anti-horário.
(D) 270° no sentido anti-horário
(E) 315° no sentido horário.

Fonte: Prova do ENEM 2018 - caderno azul - questão 164 (INEP, 2018).

Nesta questão, o objetivo é encontrar o menor ângulo de rotação possível para recolocar a tela na posição original. Neste caso, espera-se que o estudante observe que, ao desprender-se do ponto *A*, a tela fez um giro no sentido anti-horário de 3 × 45° = 135°. Dessa maneira, para realizarmos o comando da questão, temos duas opções: (1) rotacioná-la em um ângulo de 135° no sentido horário; (2) rotacioná-la em um ângulo de medida 360° − 135° = 225° no sentido anti-horário. Como a questão solicita o menor ângulo possível para esta rotação, o estudante deve considerar como solução o ângulo de 135° no sentido horário, obtendo como resposta a alternativa B.

No GeoGebra, é possível explorar a visão geométrica do aluno, associando o conceito de rotação de figuras à Álgebra dentro das transformações geométricas. Esta visão com o GeoGebra é importante, pois pode fornecer significado algébrico para as transformações geométricas mais avançadas, de modo concomitante. Conforme Lima (2002), a interconexão entre Geometria e Álgebra resultante desse ponto de vista foi responsável por extraordinários progressos em matemática e suas aplicações.

Nessa perspectiva, podemos observar esta situação construída no GeoGebra, sua respectiva solução e alguns elementos destacados, que podem ser utilizados pelo professor (Figuras 3 e 4):

Figura 3: Solução da situação didática construída no GeoGebra

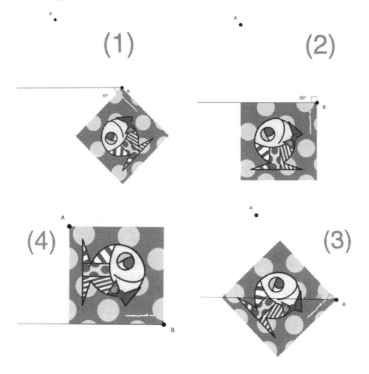

Fonte: Elaborado pelos autores (2023).

Figura 4: Elementos que podem ser explorados pelo professor no GeoGebra

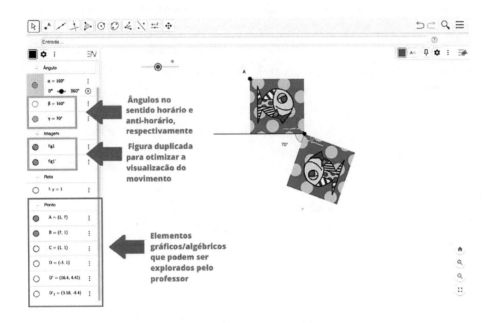

Fonte: Elaborado pelos autores (2023).

A exibição da malha e dos eixos cartesianos pode mostrar ao estudante que, por trás do simples movimento de rotação da figura no plano $x0y$, existem pares ordenados (x, y) no plano que se configuram como matrizes (linha ou coluna) associadas ao movimento de rotação. A matriz de rotação, no caso, é a matriz que gira um vetor de um ângulo θ no espaço R^2 em que está contido. Na Figura 5, exibimos os elementos que até então foram ocultados na construção:

Figura 5: Construção com eixos cartesianos e malha

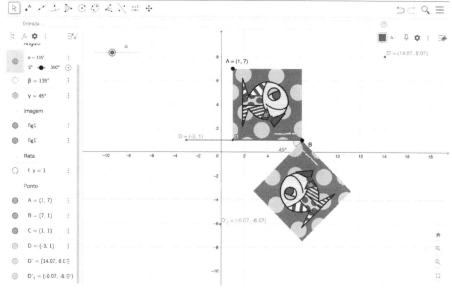

Fonte: Elaboração dos autores (2023).

Nota-se que na Figura 5 que podem ser explorados aspectos algébricos como a simetria (ponto D' e D_1'), a rotação relativa à posição do quadro e dos pontos A e B e todos os elementos da janela de álgebra. É importante que o estudante associe os aspectos algébricos e geométricos, correlacionando-os e construindo significado matemático neste processo.

CONSIDERAÇÕES FINAIS

Neste trabalho buscamos utilizar um item do ENEM para explorar o tópico de transformações geométricas, almejando a associação entre seus aspectos geométricos e algébricos. Consideramos o fato de que as questões deste exame são contextualizadas, o que possibilita ao estudante uma reflexão sobre as distintas formas que a matemática aparece em nosso cotidiano, bem como permite estabelecer relações entre os assuntos, em uma perspectiva interdisciplinar, em alguns casos.

A partir desta percepção, trazemos aqui a possibilidade de exploração das transformações geométricas com o uso da Geometria Dinâmica, no caso, trabalhando com o *software* GeoGebra. As possibilidades de relacionar álgebra e geometria, o dinamismo dos movimentos e da manipulação de objetos, a variedade de construções e tipos de transformações geométricas e demais assuntos que podem ser trabalhados com este *software* nos fez considerá-lo um elemento de grande potencial para a exploração deste tema.

Em uma perspectiva futura, pretende-se construir um conjunto de atividades com outros itens do ENEM explorando outras transformações geométricas, disponibilizando-o na comunidade GeoGebra.org, como forma de subsídio teórico-metodológico ao professor de matemática. Além disso, também pretendemos seguir com as demais fases da Engenharia Didática, realizando um experimento com estudantes do Ensino Médio, bem como uma análise *a posteriori* e validação de nossas conjecturas.

REFERÊNCIAS

ALMOULOUD, S. A.; COUTINHO, C. Q. S. Engenharia Didática: características e seus usos em trabalhos apresentados no GT-19 / ANPEd. **REVEMAT - Revista Eletrônica de Educação Matemática**, Florianópolis, v. 3, n. 1, p. 62-77, 2008. DOI: https://doi.org/10.5007/1981-1322.2008v3n1p62.

ALMEIDA, I. A. C.; SANTOS, M. C. A visualização como fator de ruptura nos conceitos geométricos. **Anais...** XVIII Simpósio Nacional de Geometria Descritiva e Desenho Técnico – GRAPHICA. Curitiba, Paraná, 2007. Disponível em: http://www.degraf.ufpr.br/artigos_graphica/AVISUALIZACAO.pdf. Acesso em: 02 jul. 2021.

ALVES, F. R. V. Visualizing the Olympic Didactic Situation (ODS): teaching mathematics with support of the GeoGebra software. **Acta Didactica Napocensia**, v. 12, n. 2, p. 97-116, 2019.

ALVES, F. R. V.; DIAS, M. A. Engenharia Didática para a Teoria do Resíduo: Análises Preliminares, Análise a Priori e Descrição de Situações-Problema. **Revista de Ensino, Educação e Ciências Humanas**, v. 10, n. 1, p. 2-14, 2019. DOI: https://doi.org/10.17921/2447-8733.2019v20n1p2-14.

BRASIL. Ministério da Educação do Brasil. **Base Nacional Comum Curricular**, 2018. Disponível em: http://basenacionalcomum.mec.gov.br/. Acesso em: 25 mai. 2023.

DELMONDI, N. N.; PAZUCH, V. Um panorama teórico das tendências de pesquisa sobre o ensino de transformações geométricas. **Revista Brasileira de Estudos Pedagógicos**, v. 99, n. 253, p. 661-686, 2018.

DOMINGUES, H. H. **Cayley e a Teoria das Matrizes**. O Baricentro da Mente, 2016. Disponível em: http://obdm2.blogspot.com/2014/10/281110.html. Acesso em: 30 mar. 2023.

FISCHBEIN, E. The Theory of Figural Concepts. **Educational Studies in Mathematics,** v. 24, n. 2, p. 139-162, 1993. DOI: https://doi.org/10.1007/BF01273689.

GARCIA, J.; SOUZA, J. **#Contato Matemática**. volume 2. São Paulo: FTD, 2016.

JAHN, A. P. "Locus" and "Trace" in Cabrigéomètre: relationships between geometric and functional aspects in a study of transformations. **Zentralblatt für Didaktik der Mathematik**, n. 34, p. 78–84, 2002. https://doi.org/10.1007/BF02655710

LAGE, M. A.; FROTA, M. C. R. Explorar e comunicar ideias sobre isometrias. **Vidya**, v. 31, n. 2, p. 73-90, 2011. DOI: https://doi.org/10.37781/vidya.v31i2.293.

LIMA, E. L, **Isometrias**. Coleção do Professor de Matemática. Sociedade Brasileira de Matemática: Rio de Janeiro, 1996.

LIMA, E. L. **Coordenadas no plano**. Rio de Janeiro: SBM/IMPA, 2002.

MABUCHI, S. T. **Transformações Geométricas: a trajetória de um conteúdo ainda não incorporado às práticas escolares nem à formação de professores**. 2000. 259 f. Dissertação (Mestrado em Educação Matemática). Pontifícia Universidade Católica de São Paulo, São Paulo, 2000. Disponível em: https://tede2.pucsp.br/handle/handle/11217. Acesso em: 04 jul. 2021.

PALLES, C. M.; SILVA, M. J. F. Visualização em Geometria Dinâmica. **Anais...** Encontro de Produção Discente PUC-SP/Cruzeiro do Sul. São Paulo. p. 1-9, 2012. Disponível em: https://revistapos.cruzeirodosul.edu.br/index.php/epd/article/view/467. Acesso em: 24 jun. 2021.

PUNTEL, V.; BINOTTO, R. R. Transformações Geométricas e aplicações. **Revista Eletrônica Disciplinarum Scientia**. Série: Ciências Naturais e Tecnológicas, v. 4, n. 1, p. 47-61, 2003. Disponível em: https://periodicos.ufn.edu.br/index.php/disciplinarumNT/article/view/1165. Acesso em: 08 jul. 2021.

RODRIGUES, J. G. M.; SILVA, J. F. L. Linguagens partilhadas e contextualização do ensino: uma análise nos itens de geometria do ENEM. **Ensino em Perspectivas**, v. 2, n. 3, p. 1–11, 2021. Disponível em: https://revistas.uece.br/index.php/ensinoemperspectivas/article/view/6356. Acesso em: 18 mai. 2023.

SANTOS, Antônio Sérgio Florindo dos. **Matrizes e as Transformações Geométricas.** Revista Científica Multidisciplinar Núcleo do Conhecimento. Edição 4, ano 02, v. 1, p. 208-2018, 2018.

SOUSA, R. C.; ALVES, F. R. V.; FONTENELE, F. C. F. Engenharia Didática de Formação (EDF): uma proposta de situação didática do ENEM com o uso do software GeoGebra para professores de matemática no Brasil. **Revista Iberoamericana de Tecnología en Educación y Educación en Tecnología**, n. 26, p. 90-99, 2020. DOI: 10.24215/18509959.26.e10

SOUSA, R. T.; ALVES, F. R. V.; SOUZA, M. J. A. Aspectos da parábola e da catenária: um estudo à luz da Geometria Dinâmica. **Revista Eletrônica de Educação Matemática - REVEMAT**, v. 17, p. 01-22, 2022. DOI: https://doi.org/10.5007/1981-1322.2022.e88156

THIENARD, J. C. La genèse de la notion de transformation. Les premières tranformations. In **Elements pour une étude historique et épistémologique** (article 1). IREM de Poitiers, Université de Poitiers, 1994.

CAPÍTULO 8

TEORIA DAS SITUAÇÕES DIDÁTICAS E GEOGEBRA: UMA PROPOSTA PARA O ENSINO DE GEOMETRIA ESPACIAL

Rosalide Carvalho de Sousa
Francisco Régis Vieira Alves
Daniel Brandão Menezes

Resumo

O objetivo deste trabalho é apresentar uma proposta didática fundamentada na Teoria das Situações Didáticas (TSD) e modelada pelo *software* GeoGebra de um problema selecionado do Exame Nacional do Ensino Médio, visando promover um recurso didático ao professor, para explorar a resolução de problemas no campo da Geometria Espacial. Para descrever e estruturar a situação didática, foram utilizadas as quatro fases da TSD - ação, formulação, validação e institucionalização. O esteio do GeoGebra possibilita a criação de situações-problema que permitem ao docente direcionar o estudante a uma maior autonomia no desenvolvimento do raciocínio geométrico e na construção de novos conhecimentos. Deste modo, buscou-se modelar uma proposta didática que favoreça a visualização e compreensão de conceitos geométricos bem como o desenvolvimento profissional do professor de matemática. A metodologia adota foi Engenharia Didática, em suas duas primeiras fases – análises preliminares e análise a priori – por se tratar de um trabalho com características de proposta didática.

Palavras-chave: Teoria das Situações Didáticas; Geometria Espacial; Visualização; GeoGebra.

INTRODUÇÃO

A Geometria Espacial é um ramo da Matemática que apresenta grandes desafios em seu processo de ensino e aprendizagem na Educação Básica. Grande parte dos estudantes que concluem o Ensino Médio possuem alguma dificuldade em conceitos geométricos. Tal afirmativa remete imediatamente à formação do professor, em especial, aqueles que ensinam Matemática. Muitos dos problemas de aprendizagem dos alunos passam diretamente pela formação docente, em que se percebe claramente que alguns dos professores que atuam na Educação Básica sentem dificuldades em conteúdos geométricos (SOUZA; BULOS, 2011).

Desse modo, a formação de professores é considerada como fundamental para promover mudanças metodológicas, conceituais e didáticas no ensino de Geometria Espacial, visando o fortalecimento da aprendizagem desse campo do conhecimento pelos alunos. Oliveira (2017) alerta para a necessidade de um maior aprofundamento em estudos que tratam do processo formativo do professor de Matemática, ansiando por uma postura mais reflexiva dos futuros docentes, para que assim estes possam conceber mudanças no desenvolvimento de habilidades essenciais para o exercício da profissão.

As orientações curriculares para o ensino de Geometria destacam a importância da visualização geométrica para o desenvolvimento de estratégias e o entendimento das propriedades de figuras, bem como do raciocínio lógico para a resolução de problemas. Portanto, a Base Nacional Comum Curricular (BNCC) ressalta a necessidade de promover o pensamento geométrico a partir do estudo de diferentes grandezas, desenvolvendo habilidades que permitem estabelecer estratégias para o cálculo de áreas de superfícies planas e da medida do volume de sólidos geométricos, além de formular e resolver problemas em diferentes contextos (BRASIL, 2018).

Diante do exposto, o *software* GeoGebra é um recurso que pode auxiliar o professor em sua prática pedagógica, pois possibilita uma abordagem diferenciada de vários assuntos matemáticos. Em especial, o *software* contribui significativamente para a apresentação dos conteúdos de Geometria Espacial, que requerem maior poder de abstração, permitindo a visualização geométrica de conceitos de difícil assimilação e promovendo, assim, o aprendizado do aluno (SOUSA; AZEVEDO; ALVES, 2021).

Convém ressaltar que, além da utilização de uma ferramenta tecnológica, modelar um recurso didático-pedagógico viabiliza um ensino que promove a contextualização, conduzindo os discentes à reflexão e à compreensão acerca de distintos temas por meio de atividades significativas, provocando mudanças no comportamento de alunos e professores. Neste trabalho, em particular, versamos sobre tópicos da Geometria Espacial.

É comum em nossa prática docente nos depararmos com alunos com dificuldades em Geometria Espacial, inclusive alguns conceitos mais básicos. Percebe-se que os estudantes não conseguem solucionar problemas simples que envolvem volumes de sólidos geométricos, por exemplo. Na maioria dos casos, eles usam mecanicamente fórmulas, sem demonstrar um real entendimento de seu significado para compreensão de tais assuntos, tornando-se um obstáculo para o desenvolvimento e evolução do pensamento geométrico (VAN DER MER, 2017).

Partindo dessa premissa, este trabalho tem como objetivo apresentar uma proposta didática fundamentada na Teoria das Situações Didáticas (TSD) e modela pelo *software* GeoGebra, com o propósito de criar um recurso que propicie a exploração e resolução de situações-problema sobre Geometria Espacial. Visamos, assim, propiciar um ambiente que favoreça o desenvolvimento do pensamento geométrico e encoraje mudanças na prática docente dos professores de matemática.

Para alcançar o objetivo proposto neste estudo, selecionou-se uma questão do Exame Nacional do Ensino Médio (ENEM), que contemplasse um tópico de Geometria Espacial. A escolha deste exame ocorreu por este ser uma prova que contempla uma grande variedade de questões com este assunto e que traz um modelo de questão contextualizada, diferenciando-se dos exercícios comumente usados nos livros didáticos, o que favorece o desenvolvimento de competências e habilidades para apresentar uma resolução correta. Ademais, este é um exame que causa grande impacto na educação brasileira, pois tem como objetivo principal avaliar o desempenho dos discentes ao término do Ensino Médio e possibilita o ingresso em muitas universidades públicas e privadas no país, que por sua vez adotam-no como critério de seleção.

Para estruturar o presente estudo adotou-se a metodologia de pesquisa da Engenharia Didática (ED) em suas duas primeiras fases – análises preliminares e análise *a priori* – por se tratar de uma proposta didática em andamento.

Assim, apresenta-se uma proposta estruturada nas quatro fases da TSD com o aporte do GeoGebra, dentro de uma perspectiva didática de elementos que possam ser incorporados à prática do professor em sala de aula.

Nas seções seguintes apresentam-se as análises preliminares deste trabalho abordando a Teoria das Situações Didáticas, que fundamenta a elaboração da situação didática deste estudo; uma síntese sobre o ensino de Geometria Espacial e seus obstáculos didáticos, o percurso metodológico que norteou essa investigação, a análise *a priori* com a concepção da situação didática do ENEM e, por fim, as considerações dos autores.

METODOLOGIA: ENGENHARIA DIDÁTICA (ED)

A Engenharia Didática (ED) é uma metodologia de pesquisa de origem francesa, resultante dos estudos em Didática da Matemática e difundida por Michèle Artigue. Segundo Artigue (1995), a ED se caracteriza por um esquema experimental, baseado nas realizações didáticas sobre as situações de ensino em sala de aula, na qual se observa a concepção, realização e as análises do processo de ensino e aprendizagem.

Assim, seguindo os princípios da ED, o percurso metodológico da pesquisa é composto por quatro fases, que são: (i) análises preliminares; (ii) concepção e análise *a priori*; (iii) experimentação, e; (iv) análise a *posteriori* e validação. Ressalta-se que, no caso deste trabalho, por ser tratar de uma proposta didática e pesquisa em andamento, foram utilizadas apenas as duas primeiras fases da ED.

Nas análises preliminares traz-se uma breve descrição sobre a teoria de ensino que fundamenta a proposta didática apresentada, que é a Teoria das Situações Didáticas (TSD), bem como os obstáculos inerentes ao ensino de sólidos geométricos, constituindo-se assim o quadro teórico deste estudo.

Em seguida, apresentamos na análise *a priori* a concepção da proposta didática para o ensino do tópico de volumes, estruturada a partir de uma questão do Exame Nacional do Ensino Médio (ENEM) e modelada com o aporte do *Software* GeoGebra. Sua descrição foi realizada com base nas etapas da TSD, visando apresentar um modelo didático-pedagógico como recurso para auxiliar ao professor, colaborando em seu planejamento e possível execução de uma sessão de ensino em sua prática.

ANÁLISE PRELIMINAR

Teoria das Situações Didáticas (TSD)

A Teoria das Situações Didáticas é um modelo teórico de origem francesa, desenvolvido por Guy Brousseau na década de 80, com o intuito de promover a criação de um ambiente que propicie a compreensão da relação existente entre professor, aluno e saber, em um meio (*milieu*) em que acontece a situação didática (BROUSSEAU, 2008).

De acordo com Sousa, Alves e Fontenele (2021), essa relação ocorre em um ambiente organizado pelo professor, em que as interações entre a tríade estimulam o aprendizado dos estudantes, sendo estas mediadas pelo saber. Nesse sentido, o aluno realiza uma atividade que foi previamente elaborada pelo professor, despertando habilidades que se aproximam as de um investigador, reproduzindo características do trabalho científico, como analisar informações, formular hipóteses, deduzir conceitos e elaborar soluções para as situações didáticas propostas.

Uma situação, de acordo com Brousseau (2008), pode fazer com que o estudante evolua de modo que a origem de um conhecimento resulte de uma sucessão natural, ou não, de perguntas e respostas novas, nominado pelo autor de dialética. Assim, a TSD foi dividida em quatro dialéticas ou fases, que funcionam de modo harmônico para a construção do conhecimento e consequente aprendizagem do aluno. São elas, de acordo com Brousseau (1986):

(i) *Ação:* Momento em que o aluno realiza os primeiros processos para resolver um problema, promovendo um conhecimento de caráter mais prático e axiomático, do que propriamente teórico.

(ii) *Formulação:* Nesta etapa, o aluno utiliza-se de algum esquema de natureza teórica, usando um pensamento mais elaborado do que um método experimental, aplicando conhecimentos prévios para estruturar um modelo de resolução.

(iii) *Validação:* Este é o momento em que o aluno passa a executar um saber mais robusto, de natureza fundamentalmente teórica, para validar diante dos demais os argumentos de prova e estratégias usadas para solucionar o problema.

(iv) *Institucionalização:* Nesta fase, o professor reassume o controle da sala de aula, organizando as estratégias de resolução apresentadas pelo aluno e formalizando o conhecimento por meio da linguagem matemática, passando do plano individual para a dimensão cultural do saber científico.

Convém ressaltar que, segundo Brousseau (2008), as três primeiras fases da TSD são dialéticas em que o aluno age sem a intervenção do professor, interagindo com o problema a partir de seus conhecimentos prévios e vivências dentro do meio (*milieu*), evoluindo por seu próprio mérito no desenvolvimento da aprendizagem, sendo denominada pelo autor de situação adidática. Já em uma situação didática, segundo Almouloud (2007), o docente organiza um *milieu*, criando condições para que o estudante desenvolva as situações propostas e desenvolva a aprendizagem. Assim, uma situação adidática é parte essencial da situação didática, pois estabelece a relação entre professor, aluno e saber, fortalecendo o desenvolvimento das ações do docente no ensino de Matemática.

Portanto, uma situação didática estruturada nas fases da TSD possibilita ao professor criar condições para que o aluno desenvolva novos saberes, alicerçados em suas experiências práticas, resultantes de sua interação com o meio, contribuindo para elaboração e evolução cognitiva de todos os sujeitos envolvidos no processo.

Ensino de Sólidos

O ensino de Geometria Espacial ainda é visto na educação como um grande desfio ao professor. Muitos são os obstáculos que permeiam a prática pedagógica, quando se trata de vincular conceitos básicos da Geometria Plana às relações existentes entre as formas em terceira dimensão. De acordo com Van Der Mer (2017), embora o campo da Geometria e medidas esteja presente em situações do dia a dia, verifica-se que os alunos apresentam dificuldades em resolver problemas simples, como o cálculo de volumes de figuras geométricas. Isto se dá pelo fato de que ainda não há compreensão clara do cálculo de áreas de figuras planas, o que reflete negativamente no cálculo de volumes em Geometria Espacial.

Assim, as grandezas geométricas referentes ao comprimento, área e volume justificam sua importância no processo de ensino e aprendizagem, pois apresentam conhecimentos necessários às vivências de um indivíduo em sociedade. Elas estabelecem ligações com outros campos da ciência, como Álgebra, Geometria, Tratamento da Informação, entre outros, além de relacionar a matemática do cotidiano aos conhecimentos escolares, como nas compras de supermercado, nos afazeres domésticos, na locomoção, dentre outras situações presentes no cotidiano (BARROS, 2002).

Em se tratando de documentos oficiais, a Base Nacional Comum Curricular (BNCC), propõe que a Geometria seja apresentada do seguinte modo:

> No que se refere a grandezas e medidas, os estudantes constroem e ampliam a noção de medida, pelo estudo de diferentes grandezas, e obtêm-se expressões para o cálculo da medida de área de superfícies planas e da medida de volume de alguns sólidos geométricos. (BRASIL, 2018, p. 527).

Deste modo, percebe-se a importância de criar situações para que o aluno desenvolva o olhar geométrico, se apropriando de conceitos de difícil compreensão no campo da abstração.

Assim, a maneira como o tema é apresentado aos alunos pelos professores é motivo de inquietação entre os estudiosos e pesquisadores da educação há bastante tempo. Um dos motivos que podem ser apontados para tal são as lacunas apresentadas pelos discentes, no que diz respeito aos conceitos básicos de Geometria Plana. Outro fato a ser considerado nesse processo são as dificuldades conceituais dos próprios professores em conceitos básicos da Geometria Plana e Geometria Espacial (COSTA; BERMEJO; MORAES, 2009).

Os autores ainda elencam outras lacunas no processo de ensino e aprendizagem de conceitos de Geometria Espacial, são elas: a ausência de atividades com Geometria de Posição e Desenho Geométrico; desvalorização das representações bidimensionais e tridimensionais das figuras geométricas por parte dos docentes; valorização mecanizada dos conceitos geométricos; ausência de trabalhos com a Geometria Espacial Métrica; ausência de um trabalho voltado para o desenvolvimento da percepção espacial, dificultando a representação mental de objetos em terceira dimensão (COSTA; BERMEJO; MORAES, 2009).

Portanto, evidencia-se que as dificuldades de aprendizagem desse conteúdo na Educação Básica estão em consonância com o modo que tais conceitos são abordados na formação docente. Assim, antes de repensar o ensino de Geometria na Educação Básica, se faz necessário reformular os currículos dos cursos de licenciatura em Matemática, bem como rever o percurso de formação do professor de matemática, de modo a promover subsídios que lhes permitam uma reflexão constante de suas práticas, ressignificando seus saberes pedagógicos, tanto nos aspectos conceituais quanto nos metodológicos.

Diante do exposto, verifica-se também a necessidade de adequar novos recursos ao processo de ensino e aprendizagem, não apenas de Geometria, mas também dos demais conteúdos Matemáticos.

Assim, expõe-se no próximo tópico a análise *a priori* deste trabalho, composta por uma situação didática selecionada do exame ENEM e modelada com o *software* GeoGebra, sendo esta estruturada nas dialéticas da TSD, ensejando auxiliar a metodologia do professor no ensino de tópicos da Geometria Espacial. No caso específico desta situação, abordamos o tópico de volumes.

ANÁLISE *A PRIORI*

Nesta seção apresenta-se uma situação didática elaborada a partir de um problema do Exame Nacional do Ensino Médio (ENEM) do ano de 2010, envolvendo o conceito de volume de um cubo, com a utilização do GeoGebra. O modelo criado no *software* permite a exploração das janelas 2D e 3D, permitindo a visualização do objeto no plano e no espaço e oferecendo ao professor a oportunidade de despertar os conhecimentos geométricos, estimulando o raciocínio intuitivo relacionado aos sólidos inscritos:

O enunciado da situação didática proposta está apresentado no Quadro 1:

Quadro 1: Questão 179, caderno azul.

Um porta-lápis de madeira foi construído no formato cúbico, seguindo o modelo ilustrado a seguir. O cubo de dentro é vazio. A aresta do cubo maior mede 12cm e a do cubo menor, que é interno, mede 8 cm.

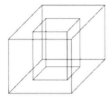

O volume de madeira utilizado na confecção do objeto foi de
(A) 12 cm^3.
(B) 64 cm^3.
(C) 96 cm^3.
(D) 1.216 cm^3.
(E) 1.728 cm^3.

Fonte: Prova do ENEM (2010).

A situação proposta traz dois objetos cúbicos, com dimensões diferentes, em que o menor está inscrito no recipiente de maior dimensão. O objetivo do problema é descobrir o volume de madeira necessário para preencher os espaços entre os dois cubos.

Ressalta-se a abordagem diferenciada do tradicional quadro e pincel, propondo a utilização do GeoGebra como ferramenta auxiliar para estruturar o modelo de resolução, além de proporcionar o diálogo entre os participantes, trocando informações essenciais para proceder a transposição dos saberes matemáticos do plano pessoal e subjetivo para o científico e cultural da turma (SOUSA; ALVES; FONTENELE, 2020).

Convém destacar que a situação didática deve ser previamente construída pelo professor no GeoGebra, estruturada das etapas da TSD, de maneira que os alunos possam manipular os objetos para estabelecer uma solução para o problema. Descreve-se, a seguir, uma possível solução, explorando a percepção de elementos e propriedades matemáticas através da interface do *software*.

Na *situação de ação*, espera-se que, ao se confrontarem com os dados do problema, os alunos recorram aos seus conhecimentos prévios para formular uma estratégia de resolução. Assim, almeja-se que os estudantes percebam que para solucionar a questão é necessária uma quantidade de madeira que preencha somente os espaços entre os dois recipientes, não havendo necessidade do preenchimento total, uma vez que o cubo menor é oco, para o devido armazenamento dos lápis.

É possível que nesse momento alguns alunos já queiram realizar um rascunho, formulando uma solução algébrica no caderno. No entanto, o suporte da construção dessa situação no *software* GeoGebra, permite que eles possam explorar de forma dinâmica a capacidade de armazenamento de cada cubo, possibilitando uma melhor compreensão do problema.

Na Figura 1 apresenta-se um quadro em que o docente pode explorar situações de aprendizagem geométricas, representadas nas janelas de visualização 2D e 3D. Nesse cenário, os discentes podem, ainda, comparar padrões numéricos e geométricos utilizando os pontos "O", "B" e "Lp" dispostos no segmento localizado ao lado dos sólidos, para modificar as medidas das arestas e consequentemente as dimensões dos objetos:

Figura 1: Modelização da situação didática no GeoGebra

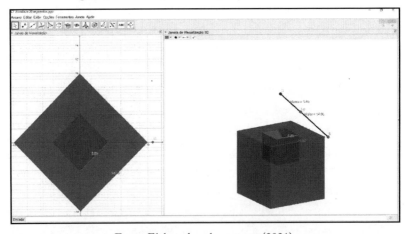

Fonte: Elaborada pelos autores (2021).

Na *situação de formulação* espera-se que ocorra uma troca de informações entre os estudantes e o meio, podendo ser expressa de forma oral ou escrita. Neste momento, espera-se que eles identifiquem elementos e propriedades que possibilitem a criação de um modelo matemático para a solução do problema, de maneira mais ágil e eficaz.

A partir da construção no GeoGebra na Figura 2, os aprendizes ainda podem explorar as modificações das arestas, realizando simulações das medidas disponibilizadas no enunciado da questão, identificando aquela que corresponde à solução:

Figura 2: Medidas das arestas do problema

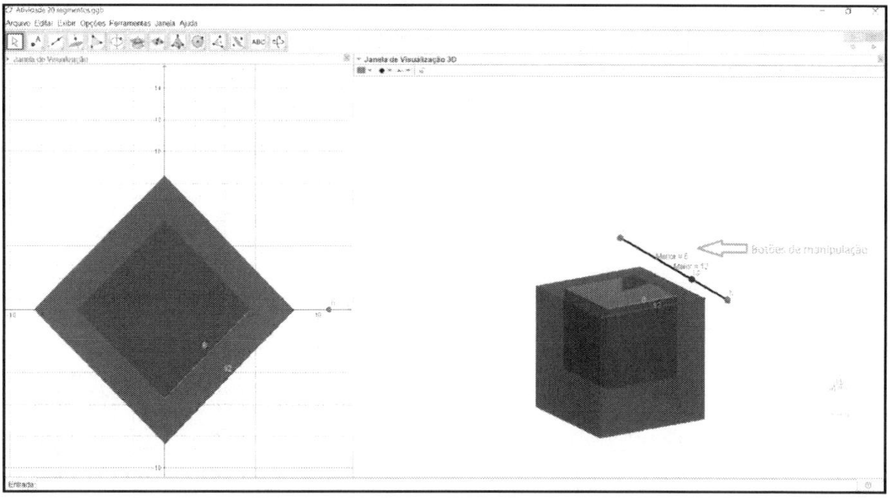

Fonte: Elaborada pelos autores (2021).

Deste modo, espera-se que ao observarem a simulação, eles concluam que, ao modificar a medida das arestas, os tamanhos dos objetos são alterados. Portanto, por meio da multiplicação das grandezas *comprimento*, *largura* e *altura* obtêm-se a capacidade (volume) de massa de qualquer prisma reto, inclusive os de dimensões iguais, no caso do cubo.

Ao acionar os botões de comandos da construção no GeoGebra (Figura 3) e posicionar as arestas de acordo com as medidas do enunciado, o aluno pode observar o surgimento dos valores correspondentes aos volumes dos dois cubos, despertando o pensamento intuitivo para construir um modelo de resolução:

Figura 3: Volume cubo externo e interno

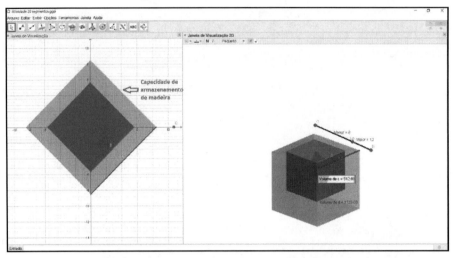

Fonte: Elaborada pelos autores (2021).

Espera-se que os estudantes percebam que o volume de madeira necessário para confeccionar o porta-lápis pode ser determinado pela diferença entre os volumes do cubo externo e do cubo interno, formalizando a seguinte expressão:

$$V_{Madeira} = V_{Cubo\ Externo} - V_{Cubo\ Interno}$$

Então, aplicando os valores das medidas das arestas extraídas da questão, na expressão encontrada, apresenta-se a seguinte resolução.

$$V_M = (a_{ce})^3 - (a_{ci})^3$$
$$V_M = 12^3 - 8^3$$
$$V_M = 1.728 - 512$$
$$V_M = 1.216\ cm^3$$

Conclui-se, portanto, que o volume de madeira utilizado na confecção desse objeto foi de 1.216 cm³.

Em seguida, tem-se a *situação de validação*. Nela os alunos já devem utilizar mecanismos de prova, apresentando as estratégias adotadas nas etapas anteriores para resolver a questão, exibindo o modelo de resolução criado a todos os presentes.

Nessa fase é necessário provar o que foi deduzido anteriormente, com linguagem matemática mais formal. Deste modo, o professor pode incentivar o estudante a usar a construção no GeoGebra para validar os dados por eles coletados no momento da formulação, confrontando o modelo algébrico de resolução com o *software* a partir da manipulação da construção, sendo analisados o processo argumentativo e a linguagem matemática escolhida para o assunto tratado na questão.

Na *situação de institucionalização*, o professor retoma a mediação para formalizar as ações e os procedimentos encontrados pelos estudantes nas fases anteriores, procurando valorizar as soluções por eles apresentadas e contrapondo-as com a estrutura formal da matemática. Nesta etapa, o docente também pode usar a construção no GeoGebra para demonstrar e validar a solução algébrica da questão, conforme exibido na Figura 4:

Figura 4: Volume cubo externo e interno

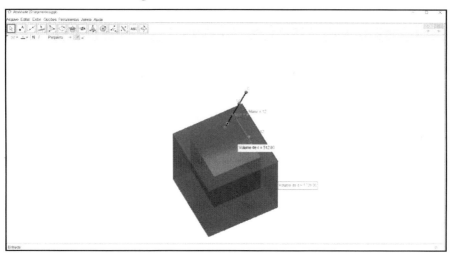

Fonte: Elaborada pelos autores (2021).

Nessa situação, o professor deve explanar expondo as etapas de resolução, recordando e comparando os saberes revelados pelos alunos na fase adidática, e apresentado uma definição formal do conceito de volume de um cubo. Sugere-se, portanto, o teorema presente no livro de Lima (2011, p. 64): "se aresta de um cubo C tem para a medida um número racional , então o volume de C será igual a $a^3 : vol(C) = a^3$".

Assim, a proposta trouxe uma abordagem que apresenta duas possibilidades de resolução: uma de forma algébrica e a outra produzida no computador. Essas situações, analisadas a partir das etapas da TSD e modeladas no GeoGebra permitem que o estudante resolva o problema de modo interativo e prático, o que possibilita o desenvolvimento do pensamento crítico e reflexivo, despertando a autonomia do aluno em outras situações de aprendizagem.

CONSIDERAÇÕES FINAIS

O presente trabalho apresenta uma proposta didática, fundamentada nas dialéticas da TSD e modelada no *software* GeoGebra, visando oferecer uma ferramenta para exploração da resolução de problemas sobre Geometria Espacial. Desse modo, estruturou-se uma situação didática a partir de um problema do Exame Nacional do Ensino Médio (ENEM), tencionando modelar um recurso didático-pedagógico, com potencial para auxiliar o professor no planejamento e ensino de conceitos de geométricos.

A elaboração de uma situação didática embasada nas etapas da TSD possibilita construir uma situação-problema que permite ao professor, direcionar o aluno a uma maior autonomia no desenvolvimento do pensamento e na construção de novos saberes matemáticos.

Com relação à utilização do GeoGebra, acredita-se que modelar uma situação didática em um ambiente dinâmico, permitindo a visualização dos sólidos geométricos a partir de diferentes perspectivas, constitui-se um recurso pedagógico valioso para a exploração visual, desenvolvendo a percepção e a resolução de problemas cujo raciocínio lógico-dedutivo são essenciais para estabelecer estratégias de solução.

No que se refere à questão do ENEM utilizada, estima-se que através da manipulação do sólido no *software* GeoGebra, o aluno possa visualizar e extrair elementos e propriedades matemáticas implícitas no enunciado do problema, despertando os conhecimentos geométricos sobre o assunto, para estruturar estratégias de resolução, ao mesmo tempo que facilita uma maior interação entre os estudantes no decorre do processo de formulação.

Espera-se que o presente trabalho possa contribuir para o ensino de Geometria Espacial, apresentado uma proposta didática ao professor, como suporte no desenvolvimento de sua prática docente, de modo a estimular o desenvolvimento do raciocínio geométrico do aluno na resolução de problemas.

REFERÊNCIAS

ALMOULOUD, S. A. **Fundamentos da Didática da Matemática**. Curitiba: UFPR, 2007.

ALVES, F. R. V. Visualizing the Olympic Didactic Situation (ODS): teaching mathematic with support of the GeoGebra software. **Acta Didactica Napocencia**, v. 12, n. 2, p. 97-116, 2019.

ARTIGUE, M. Ingenieria Didática. In: Artigue, M.; Douady, R.; Moreno, L.; Gomez, P. **Ingeniéria didática em Educacion Matemática.** Bogotá: Grupo Editorial Iberoamérica, cap. 4, p. 33-59, 1995.

BARROS, J. S. **Investigando o conceito de volume no ensino fundamental: um estudo exploratório.** 147p. Dissertação (Mestrado em Educação). Universidade Federal de Pernambuco, Recife, 2002.

BRASIL. Ministério da Educação do Brasil. **Base Nacional Comum Curricular**, 2018. Disponível em: http://basenacionalcomum.mec.gov.br/. Acesso em: 25 mai. 2023.

BROUSSEAU, G. **Théorisation des phénomènes d'enseignement des mathématiques**. (These d'État). Université des Sciences et Technologies, Bordeaux I, 1986.

BROUSSEAU, G. **Introdução ao Estudo das Situações Didáticas:** conteúdos e métodos de ensino. São Paulo: Ática, 2008.

COSTA, A. C.; BERMEJO, A. P. B.; MORAES, M. S. F. Análise do Ensino de Geometria Espacial. In: X Congresso Gáucho de Educação Matemática, 2009, Ijuí. **Anais...**, Ijuí: EGEM, 2009.

INEP. Instituto Nacional de Estudos e Pesquisas Educacionais Anísio Teixeira. **Prova do ENEM 2010 – caderno azul**, 2010. Disponível em: https://www.gov.br/inep/pt-br/areas-de-atuacao/avaliacao-e-exames-educacionais/enem/provas-e-gabaritos. Acesso em: 19 mai. 2023.

LIMA, E. L. **Medida e Forma em Geometria: comprimento, área, volume e semelhança.** Rio de Janeiro: SBM, 2011.

OLIVEIRA, J. S. **A Engenharia Didática como referência para a ação pedagógica reflexiva: o caso da área de figuras planas irregulares com o GeoGebra.** 123p. Dissertação (Mestrado em Ensino de Ciências e Educação Matemática). Universidade Estadual da Paraíba, Campina Grande, 2017.

SOUSA, E. S.; BULOS, A. M. M. A ausência da geometria na formação dos professores de matemática: causas e consequências. In: XIII Conferência Interamericana de Educação Matemática, 2011, Recife. **Anais...** Recife: CIAEM-IACME, 2011.

SOUSA, R. C. **Engenharia didática de formação: uma aplicação do GeoGebra com os alunos da Universidade Estadual Vale do Acaraú no ensino do conceito de volume.** 283 f. Dissertação (Mestrado em Ensino de Ciências e Matemática). Instituto Federal de Educação, Ciência e Tecnologia do Ceará, Fortaleza, 2021. Disponível em: biblioteca.ifce.edu.br/index.asp?codigo_sophia=99220. Acesso em: 01 jun., 2023.

SOUSA, R. C.; ALVES, F. R. V.; FONTENELE, F. C. F. Aspectos da Teoria das Situações Didáticas (TSD) aplicadas ao ensino de Geometria Espacial referente às questões do ENEM com amparo do *software* GeoGebra. **Revista Alexandria,** v. 13, n. 2, p. 123-142, 2020.

SOUSA, R. C.; ALVES, F. R. V.; FONTENELE, F. C. F. Teoria das Situações Didáticas e o ensino remoto em tempos de pandemia: uma proposta para o ensino do conceito de Volume por meio da plataforma Google Meet e o software GeoGebra. **Revista Iberoamericana de Tecnología en Educación y Educación en Tecnología,** n. 28, p. 174-183, 2021.

SOUSA, R. T.; AZEVEDO, I. F.; ALVES, F. R. V. O GeoGebra 3D no estudo de Projeções Ortogonais amparado pela Teoria das Situações Didáticas. **Jornal Internacional de Estudos em Educação Matemática,** v. 14, n. 1, p. 92-98, 2021.

VAN DER MER, I. A. S. **Aprendizagem do conceito de volume: uma proposta didática para o ensino fundamental.** 102 p. Dissertação (Mestrado Profissional em Ensino de Ciências e Matemática) - Produto Educacional. Universidade Federal de Uberlândia, Ituiutaba, 2017.

CAPÍTULO 9

NÃO ENSINAMOS DIDÁTICA, MAS SOMOS ORIENTADOS PELAS REFLEXÕES PROVOCADAS POR ELA: CONCEPÇÕES SOBRE A DISCIPLINA DE DIDÁTICA NA FORMAÇÃO INICIAL DO PROFESSOR DE MATEMÁTICA

Andreia Gonçalves da Silva
Francisco José de Lima
João Nunes de Araújo Neto

Resumo

Este trabalho objetiva refletir sobre as concepções de professores formadores sobre a Didática e suas contribuições para a formação e a aprendizagem da docência, enquanto saber estruturante do fazer pedagógico. O estudo foi desenvolvido com base no enfoque qualitativo, cuja estratégia de investigação foi o estudo de caso, com cinco professores de uma Instituição de Ensino Superior do interior do Ceará. Os resultados indicam que os professores reconhecem a importância da disciplina de Didática, por permitir ao docente refletir e escolher métodos e estratégias para a execução de atividades de ensino, bem como, articular teoria e prática. Além disso, verifica-se a necessidade de (re)pensar concepções de professores formadores quanto ao papel da Didática na formação inicial docente, no sentido de articular e interpretar o conhecimento prático de professores, na tentativa constante de problematizar a prática na formação inicial docente.

Palavras-chave: Aprendizagem da Docência. Didática. Formação Inicial Docente. Licenciatura em Matemática.

INTRODUÇÃO

O exercício da docência requer não apenas o domínio de conteúdos específicos de determinada área do conhecimento, mas também exige do profissional um conjunto de saberes para o desenvolvimento da sua prática. Assim, o saber docente se constitui de múltiplos saberes (TARDIF, 2002), que são explorados em diferentes espaços/tempos que, de algum modo, contribuem para a aprendizagem profissional do professor.

Nessa perspectiva, não basta apenas saber o conteúdo. Faz-se necessário pensar alternativas metodológicas para trabalhar esse conteúdo. Assim, é fundamental que "o professor se perceba como responsável por sua ação e perceba as influências e impactos que essa ação pode exercer na vida presente e futura dos alunos" (GOMES, 2015, p. 5).

A Resolução CNE/CP nº 2, de 20 de dezembro de 2019, ao definir as Diretrizes Curriculares Nacionais para a Formação Inicial de Professores para a Educação Básica e instituir a Base Nacional Comum (BNC-Formação), estabelece a necessidade de os cursos de licenciatura garantirem a presença de conteúdos específicos da área, seus fundamentos e metodologias, bem como conteúdos relacionados aos fundamentos da educação em seus currículos. O domínio de conteúdos específicos e pedagógicos, bem como de abordagens teórico-metodológicas de ensino, são saberes esperados por parte dos egressos de cursos de formação inicial de professores para o exercício da docência (BRASIL, 2019).

Nesse sentido, a Didática como teoria do ensino, caracteriza-se como mediação entre as bases teórico-científicas da educação escolar e a prática docente (LIBÂNEO, 2013). Ademais, a Didática está presente nos cursos de licenciatura, constituindo o núcleo de disciplinas pedagógicas, permitindo refletir sobre o seu papel e lugar na formação inicial docente, na perspectiva de pensar "o quê" e o "como" do processo pedagógico.

A Didática, como disciplina situada no âmbito das Ciências da Educação, busca investigar fundamentos, condições e modos de ensino, a partir das relações professor-aluno-conteúdo. Ao tomar por base alguns aspectos dos processos de ensinar e aprender, considera o planejamento da aula como ação que antecede o processo de ensino e a avaliação da aprendizagem como ação posterior ao ato de ensinar.

Assim, os cursos de licenciatura devem propiciar ao professor em formação inicial a problematização de saberes indispensáveis ao seu trabalho. Diante disso, faz-se necessário: o conhecimento da matéria que se propõe ensinar; saber dirigir e organizar atividades de ensino; administrar a sala de aula; conhecer o contexto social onde está situada a instituição de ensino; utilizar diferentes metodologias de ensino, e; saber avaliar (LORENZATO, 2010; LIBÂNEO, 2013).

No campo da formação de professores, em específico a formação de professores para o ensino de Matemática, um dos principais desafios para formadores é articular teoria e prática no percurso formativo inicial. Esta articulação tem se mostrado como uma das principais lacunas presentes em cursos de Licenciatura em Matemática (GATTI, 2013; FIORENTINI; OLIVEIRA, 2013; 2018). Para ensinar com significado, o professor precisa conhecer, tanto o conteúdo específico, como o modo de ensinar (Didática), sua evolução histórica e seus procedimentos histórico-culturais.

Diante disso, o interesse por esta temática surgiu a partir do desdobramento do projeto de pesquisa "O lugar curricular da Didática na formação inicial de professores: concepções, saberes e práticas[2]". A experiência com o desenvolvimento do estudo e, especialmente, com a escrita científica na área da formação inicial docente, principalmente, explorando as contribuições da disciplina de Didática nessa trajetória, possibilitou aproximação com o campo de atuação profissional, permitindo refletir sobre a importância do componente curricular de Didática para o ensino de matemática e para a formação inicial. As vivências no desenvolvimento do trabalho proporcionaram um leque de conhecimentos para cursar a disciplina obrigatória de Didática Educacional, bem como entender a relevância deste componente curricular para o curso de Licenciatura em Matemática, e ainda refletir sobre o porquê desta disciplina ser um pré-requisito para cursar a disciplina de Estágio Supervisionado I.

Além dos aspectos destacados anteriormente, no Estágio Supervisionado I (Observação de aulas de Matemática), a maneira como o professor ensinava os conteúdos matemáticos para os alunos sempre foi um dos focos de atenção,

---

2 Edital nº 1/2020 PRPI/REITORIA-IFCE Programa Institucional de Bolsas de Iniciação Científica – PIBIC, PIBIC IFCE/CNPq/FUNCAP, vigência 2020 – 2021. Disponível em: https://ifce.edu.br/acesso-rapido/concursos-publicos/ editais/pesquisa/pibic/2020/ edital-01-2020-pibic-ifce-prpi/view.

tendo em vista o contexto em que o docente estava inserido e a complexidade de ministrar aulas para alunos, sobretudo depois do período de pandemia. Dentre tantas possibilidades, o estudo mostrou-se relevante por permitir que o futuro professor entrasse em contato com a pesquisa científica, em especial os estudos no campo da Educação Matemática, que abordam a Didática na formação inicial docente, reconhecendo sua importância e o necessário diálogo entre disciplinas específicas e disciplinas pedagógicas.

Assim, o presente estudo foi orientado por duas questões norteadoras: (i) Quais as contribuições da Didática para a formação e a aprendizagem da docência? (ii) Como professores formadores de professores concebem a Didática na formação inicial?

Com a finalidade de responder a estas questões, o estudo tomou por base o enfoque qualitativo, em que se configura como um estudo de caso no que diz respeito à estratégia de investigação. Além disso, foi feito um estudo bibliográfico e a realização de um formulário virtual com professores de uma IES pública, como aspectos norteadores para a coleta e análise de dados.

Com isso, o presente trabalho tem como objetivo refletir sobre concepções de professores formadores de professores sobre a Didática e suas contribuições para a formação e a aprendizagem da docência como saber estruturante do fazer pedagógico.

A discussão teórica apoiou-se em estudos que fazem referência à formação de professores e a aprendizagem da docência (TARDIF, 2002; 2009; PIMENTA 2011; FIORENTINI; OLIVEIRA, 2013), à Educação Matemática (LORENZARO, 2006; SOUZA; ARAÚJO, 2018; SILVA, 2017) e à Didática na formação inicial docente (LIBÂNEO, 2013; OLIVEIRA; FIORENTINI, 2015; STANO, 2018; LOSS, 2017; SILVA, 2017), entre outros.

PROCEDIMENTOS METODOLÓGICOS: O CAMINHO PERCORRIDO

Este estudo foi desenvolvido a partir de um projeto de Iniciação Cientifica, na ambiência do Grupo Interdisciplinar de Pesquisa em Ensino e Aprendizagem (GIPEA), certificado pelo IFCE. A proposta tomou por base o enfoque qualitativo, pois, "não requer o uso de métodos e técnicas estatísticas. O ambiente natural é a fonte direta para coleta de dados e o pesquisador é o instrumento chave" (PRODANOV; FREITAS, 2013, p. 39). Como aborda-gem metodológica foi utilizado o estudo de caso, por consistir "em coletar e analisar informações sobre determinado indivíduo, uma família, um grupo ou uma comunidade, a fim de estudar aspectos variados de sua vida, de acordo com o assunto da pesquisa" (PRODANOV; FREITAS, 2013, p. 29).

Para a coleta de dados, inicialmente, foi realizada pesquisa bibliográ-fica, que buscou referenciais teóricos mais recentes que abordam o assunto em estudo. Sua finalidade é "[...] permitir ao investigador a cobertura de uma gama de fenômenos muito mais ampla do que aquela que poderia pesquisar diretamente" (GIL, 2002, p. 45). Posteriormente, docentes[3] de uma Instituição Federal de Educação do Ceará, localizada no interior do Estado, responderam a um formulário eletrônico cujas respostas foram coletadas e arquivadas no *Google Drive*, para análise posterior.

Após a organização do formulário, o *link* de acesso foi enviado, via e-*mail*, para dez professores de matemática de um curso de licenciatura em matemá-tica. Dos dez docentes, somente cinco manifestaram interesse em participar do estudo e responderam ao formulário. Para preservar suas identidades, seus nomes foram substituídos pelas palavras Professor, seguida de um número natural (Professor 1; Professor 2; Professor 3; Professor 4 e Professor 5). O formulário foi composto por seis questões, elaboradas com base nos objeti-vos da pesquisa, visando abordar aspectos e concepções da formação inicial de professores, assim como, experiências e interlocuções da trajetória docente. Para o tratamento e discussão dos dados tomou-se por base as orientações da Análise de Conteúdo (BARDIN, 2016), como método de organização e aná-lise de dados que permite inferências de conhecimentos relativos às condições de produção/recepção de registros. A análise de conteúdo demanda três fases distintas, que são: pré-análise, exploração dos dados e interpretação dos resul-tados. Estas fases proporcionam diálogos entre os resultados e o referencial teórico estudado.

Na pré-análise as respostas foram recebidas e foram realizadas as suas respectivas leituras e a organização de um quadro com o conjunto de dados. Na exploração dos dados buscou-se observar as respostas de cada questão para a

---

3 Parecer do Comitê de Ética em Pesquisa do Instituto Federal de Educação, Ciência e Tecnologia do Ceará, nº 4.648.021 e Certificado de Apresentação de Apreciação Ética - CAAE: 44763421.2.0000.5589.

organização de eixos de análise que, além da relação com o objetivo do estudo, foram definidos em função das aproximações entre os registros escritos em cada resposta. Os eixos para análise podem ser criados a *priori* ou a *posteriori*, isto é, a partir apenas da teoria ou após a coleta de dados (BARDIN, 2016).

Desse modo, os dados foram explorados a partir de leituras atentas do material coletado, a fim de perceber as principais ideias e seus significados para o estudo. Orientadas pelo objetivo do estudo, as questões do formulário auxiliaram a construção dos eixos para análise, a saber: (1) Concepções acerca da disciplina de Didática na formação inicial docente; (2) A Didática como disciplina integradora: contribuições para a formação docente; (3) O lugar da Didática na prática de ensino no contexto da formação de professores, e; (4) A disciplina de Didática e suas implicações na prática de ensino. Nos limites deste texto abordaremos os eixos 2, 3 e 4.

RESULTADOS E DISCUSSÕES

A partir das respostas ao formulário, os participantes tiveram a oportunidade de apresentar aspectos de seu percurso profissional, enfatizando a sua motivação pela docência; suas condições de trabalho; a relação entre teoria e prática; experiências em sala de aula e concepções de ensino vivenciadas ao longo de seus percursos formativos.

Um dado interessante são as motivações destes profissionais para o ingresso no curso de Licenciatura em Matemática, os quais afirmam que foram incentivados pela paixão, aptidão, encantamento, facilidade com a disciplina de Matemática e com os números, da experiência de trabalho com aulas particulares ou sendo professor substituto, por terem recebido premiações em olimpíadas de Matemática e pela possibilidade de enfrentar concurso público. O Quadro 1 apresenta as principais características dos participantes da pesquisa.

Quadro 1: Dados dos sujeitos participantes da pesquisa.

Sujeitos da pesquisa	Tempo na docência	Atuação	Motivações pela licenciatura
Professor 01	14 anos	Ensino Médio e Graduação	Paixão e encantamento por Matemática
Professor 02	8 anos	Ensino Médio e Graduação	Facilidade com Matemática
Professor 03	15 anos	Ensino Médio e Graduação	Premiação e olimpíadas de Matemática
Professor 04	14 anos	Ensino Médio e Graduação	Facilidade com Matemática
Professor 05	7 anos	Ensino Médio e Graduação	Experiência de trabalho com aulas particulares

Fonte: Elaboração própria (2022).

A partir das informações contidas no Quadro 1, percebe-se que os participantes da pesquisa possuem diferente tempo na profissão docente, mas todos tem experiência em sala de aula com o ensino de Matemática e atuam na Instituição de Ensino Superior em regime de dedicação exclusiva. Dos cinco participantes, todos frequentaram universidades públicas regionais ou estaduais. Quanto à formação, todos possuem licenciatura em Matemática, mestrado em Matemática e apenas um têm doutorado em Matemática. Do grupo, três tem experiência nas redes estadual, municipal e particular de ensino. No que diz respeito à atuação no ensino superior, todos possuem experiência e, atualmente, são docentes de ensino superior na área de Matemática.

A seguir apresentam-se algumas discussões sobre a disciplina de Didática e suas contribuições para a formação do(a) professor(a) de Matemática, problematizando e dialogando com as interlocuções que podem implicar na trajetória docente, tomando como referência a revisão de literatura explorada ao longo desse estudo.

A Didática como disciplina integradora: contribuições para a formação docente

Desde o início do século XX, a Didática é uma disciplina obrigatória no currículo dos cursos das licenciaturas no Brasil (HEGETO, 2017) e compõe a matriz curricular da formação de professores, na perspectiva de estudar os processos e objetivos de ensino, seus métodos e formas de organização e as condições e meios que mobilizam o estudante para o estudo e seu desenvolvimento intelectual (LIBÂNEO, 2013).

Ao confluir para a articulação entre teoria e prática, a disciplina de Didática caracteriza-se como integradora nos processos formativos docentes pois para o desenvolvimento da prática, o professor precisa desta articulação no seu fazer, considerando o contexto social e cultural dos estudantes. Assim, o papel da Didática é proporcionar "uma análise crítica da realidade do ensino por parte dos professores em formação, buscando compreender e transformar essa realidade, de forma articulada a um projeto político de educação transformador" (FRANCO; PIMENTA, 2012, p. 84).

É preciso realçar que a disciplina de Didática, além da sua relevância formativa, contribui para a aprendizagem da docência e direciona o trabalho do professor na perspectiva de construção do conhecimento, pois como afirma Mizukami (2013, p. 23) "a docência é uma profissão complexa e, tal como as demais profissões, é aprendida".

Quanto à visão dos participantes sobre as contribuições da disciplina de Didática, identifica-se lugar de destaque na prática docente no contexto da formação inicial de professores, especialmente na sala de aula como um ambiente de desafios e aprendizados não só para professores, mas também para alunos, como apontado nos excertos:

> Em todos os momentos do ensino utilizo a aprendizagem e recursos obtidos na disciplina de Didática [Formação Inicial]. Desde o planejamento, sua execução e avaliação. (PROFESSOR 1).
>
> A Didática tem sua importância no sentido de provocar reflexões, de colocar o professor em uma postura empática na condução de suas atividades formativas. A matemática é um meio e não o fim no processo de ensino. Nesse sentido, a didática contribui como um farol para o educador, para não perder de vista o alvo, o real sentido de seu trabalho, que é formar pessoas. (PROFESSOR 2).

Partindo do pressuposto de que experiências teóricas e práticas em sala de aula podem, gradativamente, despertar reflexões e análises críticas sobre o próprio fazer docente, e assim produzir saberes sobre a docência, faz-se necessário que o professor esteja atento ao seu desenvolvimento profissional. Essa perspectiva pode despertar no futuro professor o desejo de constituir seu saber--fazer a partir do seu próprio fazer.

O Professor 2 coloca em evidência a Didática como um horizonte pedagógico, capaz propiciar reflexões docentes para condução de suas atividades formativas. No contexto da licenciatura em Matemática, este aspecto mostra-se substancial, pois a formação de professores deve ser orientada pela aprendizagem de saberes teóricos e práticas e, principalmente por sua articulação. Bertani (2018) destaca alguns problemas sobre a formação de professores que ensinam matemática, principalmente a desarticulação entre conhecimentos matemáticos e conhecimentos didático-pedagógicos.

Ao assumir a Matemática como *um meio e não o fim no processo de ensino* e admitir que a Didática contribui para não perder de vista o real sentido de seu trabalho, o Professor 2 aponta para a necessidade de uma formação potencializada por elementos da Didática compreendendo pressupostos da docência como planejamento e execução de aulas, metodologias e materiais de ensino de ensino e analise do ambiente de trabalho.

Nessa perspectiva, Santos e Araújo (2018) asseveram que a Didática, ao longo do tempo, foi se constituindo como o campo de estudo que ensina ao professor o *como ensinar*, rompendo o caráter instrumental e prescritivo, com o objetivo de construir um conjunto de procedimentos didático-pedagógicos capazes de auxiliar nos processos de ensino e aprendizagem.

Na mesma direção, o Professor 5 destaca que a Didática *ocupa um lugar importante no que diz respeito à formação de professores, pois proporciona um leque de oportunidades para entender, de maneira geral, os processos de ensino e aprendizagem*. Cabe observar que, no contexto da formação inicial, o professor formador de professores precisa ter conhecimento e domínio do seu campo de atuação para lidar com as interfaces da formação inicial docente. Diante disso, não basta apenas ter domínio do conteúdo da disciplina que se propõe ensinar, mas para além disso, refletir como aqueles assuntos podem contribuir para o amadurecimento dos alunos como cidadãos e buscar alternativas metodológicas para trabalhá-los.

No contexto da formação inicial docente, Silva e Sousa (2018), ao discutirem sobre tendências profissionalizantes para o ensino de Matemática, alertam que muitos professores se formam, porém, consideram-se incapazes de exercer a profissão, principalmente com o ensino de Matemática, pois por "ser uma disciplina complexa, a mesma requer habilidades e capacidades ao máximo, pois, é esta que irá transformar o cotidiano de milhares de alunos em uma sala de aula" (SILVA; SOUSA, 2018, p. 3).

O percurso da formação docente é desafiador. Principalmente, para aqueles que não têm experiência com a realidade da sala de aula. Ter conhecimento da área que se propõe ensinar não é o bastante. Conforme Silva (2017), discutir a relevância da disciplina de Didática e o que ela ocupa nas licenciaturas ofertadas nas instituições que buscam formar professores para Educação Básica, é indispensável à formação inicial docente.

A partir dela, os professores passam a compreender que os processos de ensino-aprendizagem devem ser articulados de acordo com o contexto escolar dos alunos; o planejamento é uma maneira de se organizar em sala de aula; professor-aluno, ao estabelecer uma boa relação, permite uma aula mais produtiva. O estudo dessa disciplina possibilita ao professor entender aspectos relevantes que compõem a prática docente em sala de aula. Esses aspectos são apontados nas contribuições do Professor 2:

> Sim, não ensinamos Didática na sala de aula, mas somos orientados pelas reflexões provocadas por ela [Didática], nesse sentido é essencial o estudo dela [Didática]. O ato de ensinar pode ser pensado como uma construção que tem três grandes pilares (reflexões pedagógicas, conteúdo específico, relação professor/aluno). A didática deve envolver três elementos de forma a harmonizar e estruturar a construção(ensino), que deve ser desenvolvida de forma processual e progressiva, acrescentando novos elementos de acordo com as necessidades sociais. (PROFESSOR 2).

Ao reconhecer que o trabalho docente é orientado por reflexões vindas da Didática, o Professor 2 permite observar que o ato de ensinar exige do professor, "uma competência geral, um saber de sua natureza e saberes especiais, ligados à atividade docente" (FREIRE, 2006, p. 70). Tunes, Tacca e Bartholo Júnior (2005) ressaltam que para ensinar não se pode perder de vista objetivos e metas, sendo indispensável saber sobre o que se vai ensinar, atentando-se, especialmente, ao como e para quem ensinar.

Nesse sentido, cabe salientar que ensinar é algo que se aprende com/na prática, em sala de aula, com desafios, múltiplas situações e insegurança. Este ambiente proporciona aos professores adquirir habilidades e conhecimentos em virtude de sua profissão. Tendo em vista que a prática é um caminho para se aprender o exercício da profissão, "ser professor é gestar em si a sensibilidade pedagógica da inconformidade, da inconcretude, enfim, lançar-se na docência com criticidade e criatividade, sendo atrevido e audacioso na procura do seu voo" (GOMES, 2015, p. 5). A Didática se apresenta como um suporte para essa prática durante o processo, mas não garante o aprender a ensinar.

Dessa forma, a prática de ensino constitui-se em um caminho para aprender a docência, observando, que saber ensinar "não é transferir conhecimento, mas criar as possibilidades para a sua própria produção ou a sua construção" (FREIRE, 2006, p. 47).

O lugar da Didática na prática de ensino no contexto da formação de professores

Ao longo do século XXI, o exercício da docência para o ensino de matemática foi se modificando em meio ao advento de novos processos pedagógicos. A Matemática permanece com seus resultados sem ambiguidades. A alteração se deu na maneira como os professores ensinam os conteúdos matemáticos em sala de aula atualmente. São formas distintas das que se tinha no século XX. Essa evolução nos processos de ensino e aprendizagem se estabeleceu por meio de práticas pedagógicas apresentadas aos professores e desenvolvidas no decorrer das formações inicial e continuada.

Nesse sentido, Bertani (2018), ao argumentar sobre a relação ensino e aprendizagem em matemática ao longo dos anos, destaca que, durante muito tempo os professores não tinham formação específica para ensinar a disciplina de matemática. "Os primeiros professores, na maioria das vezes, eram os engenheiros. Logo, a matemática a ensinar seguia traços de uma matemática técnica, em outras palavras, o professor de matemática era o engenheiro" (BERTANI, 2018, p. 6).

Ao se debruçar sobre a complexidade da tarefa de ensinar, a Didática foi se fortalecendo na comunidade de educadores. Os estudos nesse campo têm anunciado mudanças nos sistemas escolares, promovendo explosão de recursos didáticos. Mais que isso, a Didática aponta para um ensino voltado para a prática social. Prática esta que está em constante mudança e, assim, provoca mudanças nas práticas de ensino (PIMENTA *et al.*, 2013). Além do importante papel que a Didática desempenha no fortalecimento das práticas de ensino, ela também é eixo estruturante da formação de professores.

Nesse sentido, para se formar um professor faz-se necessária preparação específica e pedagógica para que o processo educativo ocorra com significado. Assim, as licenciaturas precisam dispor de um currículo que possa prever o conhecimento da realidade ampla e local de educação, do conhecimento do conteúdo e do conhecimento pedagógico sobre o conteúdo em articulação a outros conhecimentos necessários à construção da identidade profissional, do ponto de vista pedagógico, cultural, político, profissional e/ou pessoal. Na visão de Santos e Araújo (2018, p. 5), a Didática é concebida "como elemento potencializador das conexões necessárias entre a formação e o desenvolvimento profissional do professor".

Nessa perspectiva, os docentes que atuam no curso de formação inicial destacaram a relevância e as contribuições da Didática como componente curricular, para se constituir um profissional preparado e eficiente para o exercício da profissão no tocante ao ensino de matemática. Como afirma os trechos dos participantes:

> Um dos papéis do docente é mediar a relação entre conteúdo e aluno, nesse contexto a as teorias desenvolvida no ramo da didática auxiliam o docente a buscar formas diversificadas de mediação, além de dá um sentido social para conteúdos que, a *priori*, não tem relação com a formação cidadã (PROFESSOR 2).

> A Didática, sem dúvidas, ocupa um lugar bastante importante no que se diz respeito a formação de professores, pois ela proporciona ao professor em formação um leque de oportunidades para entender, de maneira geral, o processo de ensino e aprendizagem (PROFESSOR 5).

O Professor 2 afirma que a Didática proporciona, no decorrer do processo formativo inicial, o conhecimento para articular teoria e prática durante o processo de ensino e aprendizagem, contribuindo ainda para alterar a visão da maneira de como ensinar e a concepção dos conteúdos matemáticos. Principalmente se o foco passa a ser, não mais o conhecimento pronto como muitas vezes aparece nos livros didáticos, mas o saber em movimento em seu processo de significação e elaboração. A partir desse entendimento, "a profissionalização do docente começa mesmo antes de sua chegada à escola para o exercício da profissão" (SANTOS; ARAÚJO, 2018, p. 5).

Corroborando com a discussão, Filho e Silva (2019) destacam que a Didática se configura como uma disciplina que oportuniza aos docentes em formação inicial pensar e refletir sobre as ações, procedimentos e atividades futuras que precisam ter em sua prática pedagógica. Isso porque ela faz com que os futuros professores compreendam as relações que se estabelecem no processo educativo escolar, bem como seu papel diante dos desafios na sala de aula demandados por esta profissão atualmente. Além disso, os conhecimentos adquiridos ao longo do percurso da formação inicial configuram-se como base para tais ações, ainda havendo muito a ser aprendido, ressignificado e ajustado na execução da docência.

Na compreensão do Professor 2, uma das funções docentes é auxiliar na construção do conhecimento e a Didática proporciona apoio para essa relação. Além disso, o participante afirma que a Didática é importante porque ajuda o docente a refletir sobre maneiras distintas de ministrar aulas na disciplina de matemática para os alunos, quando muitas vezes, determinado assunto não é de fácil assimilação. Há a necessidade do educador buscar outras alternativas para explicar o conteúdo de forma mais compreensível, na perspectiva de fazer sentido na vida do discente, de modo que este perceba aspectos em seu cotidiano que estejam relacionados à temática estudada.

Diante desse contexto, Morales e Alves (2016, p. 10) alertam que, "o que leva uma pessoa a se interessar a qualquer tipo de assunto, primeiro gostar da atividade/ disciplina [...]. Outro ponto é, será que o que estamos ensinando é o que eles almejam para a vida?". São questões que devem ser refletidas diariamente dentro da sala de aula, por terem impactos na aprendizagem dos alunos.

A fala do participante 2 sobre a relação entre conteúdo e aluno pode refletir sobre a relação aluno e professor, por oportunizar uma melhor aproximação entre os envolvidos com a disciplina em estudo. Assim, o estudo de Lopes (2011) destaca a importância da relação professor-aluno em sala de aula, tendo em vista que, o docente não deve acreditar que sua função no ambiente escolar é de apresentador do conteúdo da disciplina que se propõe ensinar, sem assumir uma postura de referência para os alunos. Além disso, deixando de ser um ser humano crítico e reflexivo em relação a sua atuação como educador,

"[...] é preciso compreender que a tarefa docente tem um papel social e político insubstituível [...]" (LOPES, 2011, p. 3).

A observação das respostas do Professor 3 e do Professor 4 permite pensar que as práticas e discussões sobre a disciplina de Didática no processo de formação inicial oscilam, tentando contribuir tanto para o desenvolvimento do professor que ensina de matemática, quanto seu lugar em disciplinas específicas e pedagógicas. Esses aspectos são apontados nas contribuições a seguir:

> Através de boas práticas podemos dar exemplo de como abordar determinadas questões envolvendo a Didática Profissional. (PROFESSOR 3)
>
> Deve ser levada sempre em paralelo às disciplinas específicas na formação docente. (PROFESSOR 4)

O Professor 4 destaca que a Didática é uma disciplina que precisa articular conhecimentos teóricos e práticos ao longo da formação docente, ou seja, esses conhecimentos se complementam. Isto fica evidente na fala do Professor 4, quando alerta que *deve ser levada sempre em paralelo às disciplinas específicas*. Não há como ensinar determinado conteúdo sem conhecer a teoria, assim como, o conhecimento teórico sem a prática de ensinar não promove aprendizagem aos discentes. Quando bem articulados, esses aspectos podem promover bons resultados nos processos de ensino e aprendizagem.

A esse respeito, Filho e Silva (2019) afirmam que a disciplina de Didática busca auxiliar os professores em formação inicial com conhecimentos teóricos e práticos, os quais irão ajudar os futuros professores a ministrar suas aulas de maneira objetiva e compreensível. Além disso, os autores argumentam que o estudo da Didática deve oferecer "caminhos que façam com o ensino se traduza em aprendizagem. Este ensino acontece pela mediação do professor, que se coloca entre o aluno e o objeto do conhecimento" (COELHO FILHO; SILVA, 2019, p. 11).

A disciplina de Didática e implicações na prática de ensino

Saito e Dias (2013, p. 8) abordam a relação entre história e ensino da matemática e alertam que se deve "dar conta não só do desenvolvimento de conhecimentos e práticas pedagógicas que contribuam para uma formação crítica do estudante e do professor, mas também dos conteúdos próprios da área de referência, isto é, da Matemática"

Loss (2017) explicita que antes das "décadas de 80 e 90 não havia a cogitação de reflexões sobre a formação e a identidade profissional do professor. A profissão docente era centrada na visão positivista, técnica e burocrática" (LOSS, 2017, p. 3). Nesse sentido, é preciso aprender cada vez mais para promover a produção de conhecimentos matemáticos que possibilitem o desenvolvimento dos indivíduos.

Para a concepção de prática, faz-se necessário que o futuro professor tenha domínio tanto de conhecimentos específicos da disciplina que se propõe ensinar, quanto de processos metodológicos de ensino da Matemática. Assim, "a prática pedagógica da matemática é vista como prática social, sendo constituída de saberes e relações complexas que necessitam ser estudadas, analisadas, problematizadas, compreendidas e continuamente transformadas" (FIORENTINI; OLIVEIRA, 2013, p. 5).

Cruz (2018) aponta as contribuições do diálogo na prática de ensino em Matemática, tendo em vista que, na ação pedagógica, os espaços dialógicos têm por objetivo propiciar ao aluno a oportunidade de se expressar, falando como se sente e o que pensa sobre o assunto que está sendo exposto, além de conduzir seu posicionamento de forma crítica, passando a compreender seus deveres e direitos no contexto em que está inserido. Além disso, poderá modificar, entender e transformar o mundo ao seu redor.

Conforme as contribuições dos autores, a prática de ensino é uma atividade que deve ser avaliada e refletida diariamente. Pois, a maneira como essa prática é utilizada ajuda ou dificulta o processo de aprender do educando e compreende os conteúdos trabalhados pelo educador.

É possível observar nas respostas dos professores participantes entendimentos sobre a prática de ensino de matemática articulados às implicações e contribuições da Didática no percurso formativo inicial, conforme mostram os trechos:

> Através do estudo das principais Tendências pedagógicas, a didática nos traz uma visão sobre a organização do trabalho docente e sobre a interação professor x aluno. (PROFESSOR 3)

> Proporcionar ao professor(a) em formações técnicas de aprimoramento da Didática em sala de aula, dando ao professor(a) ferramentas necessárias para desempenhar seu papel de maneira produtiva, obtendo maior rendimento. (PROFESSOR 5)

Nota-se que os professores apontam considerações sobre a relevância da Didática para a formação inicial docente, deixando claro que o componente curricular auxilia o professor em sua prática no ambiente escolar, através da *organização do trabalho docente, a interação professor x aluno* e *ferramentas necessárias para desempenhar seu papel de maneira produtiva, obtendo maior rendimento.*

Diante dos aspectos destacados, pode-se observar que a Didática é um importante componente curricular na formação inicial de professores, que deve ser ofertada obrigatoriamente em cursos de licenciatura, por apresentar conhecimentos necessários à profissão. Silva (2017) chama a atenção para entender que a Didática não é apenas uma disciplina obrigatória a ser cursada nas licenciaturas. O autor defende que "discutir a Didática como disciplina indispensável à formação do professor para exercer a docência [...] significa discutir o lugar que ela ocupa ou não nas licenciaturas ofertadas nas instituições que formam professores para a educação básica" (SILVA, 2017, p. 5).

Nesse sentido, Loss (2017) auxilia na compreensão de que a Didática é uma disciplina que integra e articula os conhecimentos teóricos e práticos obtidos nas disciplinas de um curso de licenciatura. Sobretudo, "estuda o processo de ensino a partir dos seus componentes, os conteúdos escolares, o ensino e a aprendizagem, e com embasamento numa teoria da educação, formula diretrizes orientadoras da atividade profissional dos professores" (LOSS, 2017, p. 5).

O Professor 1 destaca que a Didática é de fundamental importância na formação docente, além de destacar que este componente curricular é relevante *na matriz curricular do curso de Licenciatura em Matemática.* Entende-se que a Didática se constitui em técnicas e métodos de ensino a serem discutidos e aprendidos no decorrer dos cursos de licenciatura para exercer a docência. Portanto, faz-se necessário compreender o papel e o lugar da didática no cenário educacional da formação de professores.

No ponto de vista do Professor 2, a carga horária da disciplina de Didática na trajetória formativa inicial no curso de Licenciatura em Matemática é insuficiente. Embora o professor defina a carga horária da disciplina como insuficiente, a "Didática destina-se a formação orientando a prática dos professores"(FREITAS; DANTAS, 2018, p. 7). Além disso, os professores alertam para o distanciamento entre as disciplinas pedagógicas e as disciplinas específicas no decorrer do curso. Esses aspectos são apontados na fala do Professor 2:

> Hoje é muito discreto, até mesmo ínfimo. No sentido do distanciamento que ocorre com as disciplinas de cunho específico. A Didática deveria permear todo o trajeto formativo, presente em disciplinas gerais, específicas e laboratórios de ensino (PROFESSOR 2).

Nessa direção, Santos e Araújo (2018) enfatizam que "os cursos de licenciatura necessitam de uma sustentação epistemológica que problematize à docência na contemporaneidade. [...] considerar a docência como foco, nessa perspectiva, é problematizá-la na licenciatura à luz das epistemologias do conhecimento"(SANTOS; ARAÚJO, 2018, p. 7).

Nos trechos a seguir, dos Professores 3 e 4, podem-se observar em suas concepções que a Didática tem sua importância no curso de formação inicial docente. No entanto, as falas apresentam dúvida quanto à forma como a disciplina é, ou pode ser desenvolvida e da certeza da possibilidade de contribuir com a formação inicial do professor, como se apresenta nas falas:

> Acredito que sim, dependendo claro, da forma como essa for conduzida. (PROFESSOR 3)

> Grande importância. O foco é abrir ainda mais a mente do professor em formação. (PROFESSOR 4)

Percebe-se que o Professor 3 deduz que a maneira como a Didática é trabalhada no curso de formação de professores vai definir se essa disciplina gera bons resultados para a prática de ensino. É importante destacar que esse não é um aspecto exclusivo da disciplina em discussão, mas para qualquer componente curricular do curso superior. A forma como é conduzida pelo professor pode repercutir na aprendizagem ou não do estudante. O Professor 4 assegura que a Didática é importante, porque será capaz de proporcionar um melhor entendimento dos discentes sobre seu futuro campo de atuação, pois "a

Didática se caracteriza como mediação entre as bases teóricas da educação e a prática docente" (LOSS, 2017, p. 1).

A esse respeito, Coelho Filho e Silva (2019) discutem a formação inicial de professores, alertando que a trajetória inicial docente deve ser permeada por diversos saberes e conhecimentos, podendo proporcionar uma visão compreensiva e ampla da sala de aula. Além disso, pode-se oportunizar aos acadêmicos de matemática saberes para dominar os conhecimentos pedagógicos e específicos na perspectiva de desenvolvimento dos processos de ensino e aprendizagem. Para a realização desses processos, o professor deve relacionar e contextualizar estes saberes e conhecimentos com o ambiente escolar e o contexto em que o aluno está inserido.

O Professor 4 parte do pressuposto de que o saber docente se constrói ao longo da carreira profissional. Ensinar se aprende ensinando, isto é, exercendo a profissão diariamente em sala de aula, compreendendo a Didática como disciplina que "possibilita ao professor pensar no que, como, para que e para quem ensinar" (COELHO FILHO; SILVA, 2019, p. 5). Desse modo, a Didática "estuda o fenômeno do ensino" (PIMENTA, 2011, p. 36) e "no dia a dia dos educadores, planejamento, (in)disciplina, avaliação e técnicas didáticas materializam o ensino e não podem ser negados ou silenciados na reflexão didática" (PIMENTA, 2011, p. 34).

Em outras palavras, a Didática é um campo de estudo que se centra em fundamentar os processos de ensino e aprendizagem, articulando docente, discente e conteúdo para a prática de ensino, conforme mostra a fala do Professor 4:

> No meu ponto de vista, o APRENDER A ENSINAR é um processo viabilizado pela prática docente. A Didática é uma das mais fortes ferramentas que serão utilizadas durante este processo. (PROFESSOR 4)

Nessa direção, o Professor 4 entende que a disciplina de Didática é fundamental para orientar a prática de ensino, pois é uma das mais fortes ferramentas que serão utilizadas durante este processo sendo necessário reconhecer que não é a única. Stano (2018) argumenta que a Didática presente nos cursos de licenciatura, sozinha, não dá conta de articular os saberes psicopedagógicos e específicos constituintes da docência nos processos de ensino e aprendizagem. Há que se pensar em mudanças curriculares para minimizar esse problema.

Diante do exposto, à docência não é uma profissão cuja formação se pauta apenas no treinamento do conhecimento a ser ensinado em sala de aula. O professor, em sua prática, depara-se com inúmeros desafios concernentes aos diversos conhecimentos que precisa mobilizar e articular para o desempenho de sua profissão e para o seu desenvolvimento profissional, pois o professor é "alguém que deve conhecer sua matéria, sua disciplina e seu programa, além de possuir certos conhecimentos relativos às ciências da educação e à pedagogia e desenvolver um saber prático baseado em sua experiência cotidiana com os alunos" (TARDIF, 2002, p. 39).

Embora alguns dos professores participantes não tenham manifestado preocupação em revisar e/ou repensar suas percepções quanto ao papel da Didática no percurso inicial formativo, foi possível perceber que a maioria transitou entre uma visão conservadora para uma visão mais crítica da Didática, compreendendo-a para além de um conjunto de métodos e técnicas para ensinar e aprender conteúdos matemáticos.

CONSIDERAÇÕES FINAIS

Este trabalho objetivou refletir sobre as concepções de professores formadores de professores sobre a Didática e suas contribuições para a formação e a aprendizagem da docência. Dada a importância atribuída a esta disciplina na trajetória da formação inicial docente, reconhece-se que para se ter êxito na profissão, o professor precisa ter conhecimento do conteúdo específico que se propõe ensinar em sala de aula, bem como, saber fazer sua reelaboração didática de modo claro e objetivo, para que os estudantes aprendam a Matemática.

A partir das questões norteadoras e baseados em pressupostos da pesquisa qualitativa, foi realizado um estudo de caso como estratégia de investigação, desenvolvido por meio de estudo bibliográfico e construção de dados com professores de uma IES pública do interior do Ceará.

Nesse sentido, a realização da pesquisa possibilitou observar percepções e perspectivas de professores de Matemática sobre a Didática no contexto da formação inicial docente. Desse modo, foi possível observar apontamentos quanto à necessidade do professor de articular conhecimentos específicos e conhecimentos pedagógicos, para que consiga êxito em seu fazer docente e auxilie os alunos em sua aprendizagem. Além disso, o conhecimento em Didática fortalece o desenvolvimento profissional e aumenta a autonomia docente. Cabe destacar que, embora seja importante e necessário pensar a articulação teoria e prática no campo da formação docente, ainda é possível observar dificuldades nesse sentido. Assim, o diálogo é apontado como pressuposto indispensável no processo educativo.

Sob diferentes compreensões e abordagens teóricas, o estudo possibilitou observar discussões e reflexões sobre o processo formativo inicial de professores, como espaço que tenciona a aprendizagem da docência, diante da complexidade de ser professor e levando a pensar o lugar da Didática na formação do professor de Matemática. Além disso, as pesquisas discutidas apontam abordagens epistemológicas de Educação Matemática, Ensino e Aprendizagem a partir de múltiplas visões sobre a Didática e possibilidades de trabalho em sala de aula para o desenvolvimento da aprendizagem.

Quanto aos resultados deste estudo, foi possível observar o reconhecimento da disciplina de Didática como integradora, por contribuir para a aprendizagem da docência e orientar o trabalho pedagógico, no sentido de auxiliar o processo de ensino e aprendizagem e na construção de saberes para a melhoria da prática docente.

É oportuno destacar que o professor formador de professores, consciente do seu papel, compreende que o futuro professor precisa de uma formação inicial alicerçada na articulação teoria e prática, que possibilite uma aprendizagem para exercer sua profissão de maneira reflexiva e crítica, com conhecimento de diferentes maneiras de ensinar, tentando atender o contexto social em que se encontra inserido.

Percebe-se que a Didática se constitui em um campo do conhecimento importante na trajetória da formação inicial docente, por estudar a relação existente entre os processos de ensino e aprendizagem de matemática, com o intuito de orientar o trabalho pedagógico em sala de aula, as estratégias e as metodologias de ensino, o planejamento e execução de atividades.

No que diz respeito à disciplina de Didática e implicações na prática de ensino, os resultados sugerem para a necessidade de (re)pensar concepções de professores formadores quanto ao papel da Didática na formação inicial. É possível perceber que, em suas respostas, a maioria dos participantes do estudo transitou da visão conservadora para a visão mais crítica da Didática, compreendendo-a para além de um conjunto de métodos e técnicas para ensinar e aprender conteúdos matemáticos.

Diante das discussões apresentadas, observa-se a necessidade de professores formadores de professores refletirem sobre a disciplina de Didática no sentido de articular e interpretar o conhecimento prático de professores na tentativa de problematizar a prática docente na formação inicial.

Contudo, é necessário entender que a Didática, por si só, não garante melhor aprendizagem docente. Os cursos de formação inicial precisam auxiliar no estímulo ao comprometimento e tomada de decisão para se aprender a partir do próprio fazer, reconhecendo o lugar e as contribuições da Didática no contexto da licenciatura em Matemática como campo de conhecimento necessário à formação do professor.

AGRADECIMENTOS

Ao Programa Institucional de Bolsas de Iniciação Científica (PIBIC) do Instituto Federal de Educação Ciência e Tecnologia do Ceará (IFCE *campus* Cedro) pelo apoio financeiro.

REFERÊNCIAS

BARDIN, L. **Análise de conteúdo**. Lisboa: Edições 70, 2016.

BERTANI, J. A. Algumas discussões sobre a formação docente em matemática e a história da didática nas licenciaturas em matemática da Bahia (1940-1960). **Anais do XIX ENDIPE**, 2018. Disponível em: http://www.xixendipe.ufba.br/modulos/consulta& relatorio/rel_download.asp?nome=100058.pdf >. Acesso em: 07 jun. 2021.

BRASIL. **Resolução CNE/CP nº 2, de 20 de dezembro de 2019**. Define as Diretrizes Curriculares Nacionais para a Formação Inicial de Professores para a Educação Básica e institui a Base Nacional Comum para a Formação Inicial de Professores da Educação Básica (BNC-Formação). Disponível em: http://portal.mec.gov.br/docman/dezembro-2019-pdf/135951-rcp002-19/file. Acesso em: 08 jul. 2021.

COELHO FILHO, M. S.; SILVA, A. C. O papel da Didática no processo formativo inicial de professores de Matemática. 2019. In: **Anais** do XVIII Encontro Baiano de Educação matemática. pp.12. Ilhéus, Bahia. XVIII EBEM. Disponível em: 82f163e7cf317740e9ef0a539d7b1e9d.pdf. Acesso: 28 set. 2022.

CRUZ, L. B. S. Contribuições da prática docente para a autonomia do educando na educação infantil. **Anais** do XIX ENDIPE, 2018. Disponível em: <http://www. xixendipe.ufba.br/modulos/consulta&relatorio/rel_download.asp?nome=   99900. pdf >. Acesso em: 11 jan. 2021.

FIORENTINI, D.; OLIVEIRA, A. T. C. C. O papel e o lugar da didática específica na formação inicial do professor de matemática. **Revista Brasileira de Educação** v. 23 e230020, 2018. Disponível em: https://doi.org/10.1590/S1413-24782018230020. Acesso em: 23 dez 2022.

FRANCO, M. A. S.; PIMENTA, S. G. (Orgs). **Didática:** embates contemporâneos. São Paulo: Edições Loyola, 2012.

FREIRE, P. **Pedagogia da autonomia:** saberes necessários a prática educativa. São Paulo: Paz e Terra, 2006.

FREITAS, E. R.; DANTAS, O. M. A. N. A. A importância do Pedagogo da equipe especializada de apoio à aprendizagem (EEAA) na didática e na Prática Pedagógica das escolas da Secretaria de Educação do Distrito Federal. **Anais** do XIX ENDIPE, 2018. Disponível em: <http://www.xixendipe.ufba.br/ modulos/consulta&relatorio/ rel_download.asp?nome=97794.pdf>. Acesso em: 11 mar 2021.

GATTI, B. Educação, escola e formação de professores: políticas e impasses. **Educar em Revista,** Curitiba, Brasil, n. 50, p. 51-67, out./dez. 2013. Editora UFPR. Disponível em: https://www.scielo.br/j/er/a/MXXDfbw5fnMPBQFR6v8CD5x/?format =pdf. Acesso em: 22 out 2022.

GIL, A. C. **Como elaborar projetos de pesquisa**. São Paulo: Atlas, 2002.

GOMES, S. S. Didática, práticas docentes e o uso das tecnologias no ensino superior: saberes em construção. **Anais** 37ª Reunião ANPEd, 2015. Disponível em: <https:// anped.org.br/sites/default/files/trabalho-gt04-3905.pdf >. Acesso em: 08 jan.2021.

HEGETO, L. C. F. A disciplina de Didática nos cursos de formação de professores. **Revista Contemporânea de Educação**, vol. 12, n. 25, set/dez de 2017. Disponível em: https://revistas.ufrj.br/index.php/rce/article/view/3448/pdf. Acesso em: 10 jun. 2021.

LIBÂNEO, J. C. **Didática.** São Paulo: Cortez, 2013.

LOPES, R. C. S. A relação professor aluno e o processo ensino aprendizagem. **Dia a dia e educação**, v. 9, n. 1, p. 1-28, 2011. Disponível em: http://www.diaadia educacao. pr.gov.br/portals/ pde/arquivos/1534-8.pdf. Acesso: 27 set. 2022.

LORENZATO, S. **Para aprender Matemática.** Campinas: Autores Associados, 2010.

LOSS, A. S. Didática e formação de professores: entre as distorções de conceito. **Anais** 38ª Reunião ANPEd, 2017. Disponível em: http://38reuniao.anped.org.br/sites/ default/ files/resources/programacao/trabalho_38anped_2017_GT04_16.pdf. Acesso em: 07 jun. 2021.

MIZUKAMI, M. G. N. Escola e desenvolvimento profissional da docência. In: GATTI, B. A.; SILVA JÚNIOR, A. C.; PAGOTTO, M. D. S.; NICOLETTI, M. G. Por uma política nacional de formação de professores São Paulo: Editora Unesp, 2013. p. 23-54.

MORALES, M. L.; ALVES, F. L. O desinteresse dos alunos pela aprendizagem: Uma intervenção pedagógica. Disponível em: http://www.diaadiaeducacao.pr.gov. br/ portals/cadernospde/pdebusca/producoes_pde/2016/2016_artigo_ped_ unioeste_ marciadelourdesmorales.pdf. Acesso: 27 set. 2022.

PIMENTA, S. G.; FUSARI, J. C.; ALMEIDA, M. I.; FRANCO. M. A. R. S. A construção da didática no GT Didática – análise de seus referenciais. **Revista Brasileira de Educação.** v. 18 n. 52 jan./mar. 2013. Disponível em: https://www.scielo. br/j/rbedu/a/RFYZ7MKBRypV7Whmc FP34NP/. Acesso em: 21 jul. 2021.

PIMENTA, S. G. **Epistemologia da prática ressignificando a Didática.** In. FRANCO, M. A. S.; PIMENTA, S. G. Didática: embates contemporâneos. São Paulo: Edições Loyola, 2011.

PRODANOV, C.C.; FREITAS, E. C. **Metodologia do Trabalho Científico:** métodos e técnicas da pesquisa e do trabalho acadêmico. Novo Hamburgo: Freevale, 2013.

SAITO, F.; DIAS, M. S. Interface entre história da matemática e ensino: uma atividade desenvolvida com base num documento do século XVI. **Ciência & Educação** (Bauru), v. 19, p. 89-111, 2013. Disponível em: https://www.scielo.br/j/ciedu/a/M9LvJrYJ PBT9tHMdtprRJzL/abstract/?lang=pt. Acesso: 29 out. 2022.

SANTOS, D. S.; ARAÚJO, G. C. de. Didática e desenvolvimento profissional: percepções de professores iniciantes sobre o percurso formativo na licenciatura. **Anais** do XIX ENDIPE, 2018. Disponível em: http://www.xixendipe. ufba.br. Acesso em: 11 jan. 2021.

SILVA, E. F. A didática nas perspectivas de licenciandos: da fórmula mágica à mediação entre teoria-prática. **Anais** 38ª Reunião ANPEd, 2017. Disponível em: <http://anais.anped.org.br/sites/default/files/arquivos/trabalho_38anped_2017_GT04_ 86.pdf>. Acesso em 06 jan. 2021.

SILVA, M. M. A didática nas aulas de didática: reflexões sobre formação de professores. **Anais** do XIX ENDIPE, 2018. Disponível em: http://www.xixendipe. ufba.br Acesso: 12 ago. 2021.

SILVA, K. M. A.; SOUSA, J. L. A formação dos pedagogos para o ensino de matemática no método do IAB no município de boa vista-RR. **Anais...** XIX ENDIPE,

2018. Disponível em: <http://www.xixendipe.ufba.br/&gt. Acesso em: 11 mar. 2021.

STANO, R. C. M. T. A inserção do compartilhamento de saberes-fazeres docentes na didática ampliando a formação pedagógica. **Anais** do XIX ENDIPE, 2018. Disponível em: http://www.xixendipe.ufba.br. Acesso em 07 jun. 2021.

TARDIF, M. **Saberes docentes e formação profissional**. São Paulo: Vozes, 2002.

TUNES, E.; TACCA, M. C.; BARTHOLO JÚNIOR, R. dos S. O professor e o ato de ensinar. **Cadernos de Pesquisa**, São Paulo, v. 35, n. 126, p. 689-698, set./dez. 2005. Disponível em: <https://www.scielo.br/j/cp/a/5VcSDPXY78pqQYKTVYTD7Fv/?format=pdf>. Acesso em: 22 jun 2021.

CAPÍTULO 10

SITUAÇÃO DIDÁTICA PROFISSIONAL (SDP): UM ARCABOUÇO TEÓRICO-PRÁTICO NA FORMAÇÃO DO PROFESSOR DE MATEMÁTICA

Francisca Narla Matias Mororó
Francisca Cláudia Fernandes Fontenele
Roger Oliveira Sousa

Resumo

A Situação Didática Profissional (SDP) é um arcabouço teórico-prático direcionado para a formação do professor de matemática. A SDP é advinda de pressupostos inerentes à Didática Profissional, no que compete a formação profissional no seio do trabalho e da Teoria das Situações Didáticas, no que tange a organização e a construção do conhecimento em matemática. O planejamento de uma SDP parte da identificação de um obstáculo profissional e tem como propósito a construção e/ou modificação de conceitos organizadores da ação. Desse modo, o objetivo do presente trabalho é apresentar o planejamento de uma sessão didática com a utilização da SDPna formação do professor de matemática. A metodologia utilizada foi a pesquisa bibliográfica. Ao propor uma sessão didática com a utilização da SDP, pode-se perceber as potencialidades formativas dessa base teórica para a formação docente, especialmente por considerar reflexões sobre obstáculos reais da atuação do professor.

Palavras-chave: Didática Profissional. Teoria das Situações Didáticas. Ensino de Matemática.

INTRODUÇÃO

O ensino de matemática no Brasil é objeto de estudo em diversas pesquisas. Contudo, apesar das melhorias observadas nas últimas décadas, é uma área que ainda apresenta muitos entraves, necessitando uma maior análise e aprofundamento. Em virtude disso, boa parte destes estudos apresentam uma perspectiva de diversificação de metodologias e abordagens em relação à formação dos professores.

As dificuldades relativas ao ensino de matemática podem ser observadas nos diversos tópicos que compreendem o estudo dessa ciência. No contexto da álgebra não é diferente. Dentre os obstáculos no ensino de álgebra, de maneira especial no ensino das funções, é possível destacar a dificuldade dos professores em adotar uma postura de ensino que privilegie a compreensão do conceito de função, bem como a falta de reflexão sobre as diferentes representações de uma mesma função, por exemplo (LIMA, 2017).

Diante destes obstáculos, faz-se necessária uma abordagem formativa docente que considere e intervenha nas reais necessidades dos professores para o desenvolvimento de sua prática. Partindo dessa perspectiva, apresentamos a Situação Didática Profissional (SDP), enquanto arcabouço teórico-prático, que embasa a organização, o planejamento e a execução de formações para professores de matemática. No caso, a SDP considera a identificação de obstáculos reais de atuação docente, como as esferas de sala de aula, a relação com o grupo de trabalho e os obstáculos relacionados à própria instituição de ensino (ALVES; CATARINO, 2019).

A Situação Didática Profissional (SDP) é uma proposta de complementaridade que considera aspectos relacionados à Didática Profissional (DP), relativos à formação profissional no seio da prática, por meio da análise da situação de trabalho, e da Teoria das Situações Didáticas (TSD), considerando à organização das situações de formação, denominadas, nesse contexto, de Situações Didáticas Profissionais.

Diante disso, o objetivo deste trabalho é apresentar o planejamento de uma sessão didática de ensino, a partir do uso da Situação Didática Profissional na formação do professor de matemática.

Para atingir tal objetivo, optou-se pela metodologia de pesquisa bibliográfica, desenvolvida com base em documentos já escritos (GIL, 2008). Desta forma, embasamo-nos em materiais como livros, teses, dissertações e artigos científicos relativos à formação docente no tocante ao ensino de funções.

Ademais, nos tópicos seguintes, apresentamos de maneira mais aprofundada, mas não exaustiva, aspectos relativos à Didática Profissional, à Teoria das Situações Didáticas e ao conceito de Situação Didática Profissional. Neste último, destacam-se pontos da teoria, ao passo em que apresentamos o planejamento de duas SDPs, consubstanciadas em obstáculos próprios da sala de aula, especialmente no contexto do ensino de funções. Em seguida, apresentamos nossas considerações finais, com os principais resultados advindos deste estudo.

DIDÁTICA PROFISSIONAL

A Didática Profissional (DP) surgiu na década de 90, na França. Sua origem não se deu exclusivamente no contexto do ensino, mas foi incorporada a este. A DP se interessa principalmente pela análise do trabalho, e considera duas abordagens: a construção de conteúdos de formação visando à intervenção em uma situação profissional característica; e a análise de situações de trabalho, considerando à formação de competências profissionais (PASTRÉ, 2002).

Compreendendo a complexidade de analisar como é organizada a aprendizagem do sujeito no desenvolvimento de sua atividade, a DP se apoia em pressupostos de outras correntes teóricas. A saber: *a Psicologia Ergonômica* (LEPLAT, 1995), da qual a principal contribuição é a distinção entre tarefa e atividade e a importância de se realizar uma conceituação na atividade de trabalho; *a Psicologia do Desenvolvimento* (VERGNAUD, 1985), contribuindo para a diferenciação entre a forma operatória e a forma predicativa do conhecimento profissional, além da definição de conceituação na ação; *a Didática das Disciplinas* (CHEVALLARD, 1983; BROUSSEAU, 1986), fornecendo subsídio relativo às questões que envolvem e/ou antecedem a realização da ação propriamente dita, como: o contrato didático, a transposição e o esquema, por exemplo; e *a Engenharia de Formação*, contribuindo com a análise das necessidades que servem de entrada para a construção de dispositivos de formação (PASTRÉ; MAYEN; VERGNAUD, 2006).

Na Figura 1, Camilo, Alves e Fontenele (2020) sintetizam estas correntes teóricas e o campo prático que influenciam a compreensão conceitual da Didática Profissional:

Figura 1: Correntes que integram a Didática Profissional.

Fonte: Adaptado de Camilo, Alves e Fontenele (2020).

Para a DP, o trabalho e sua análise são a essência da concepção de formação profissional. A DP propõe que as situações de trabalho sejam utilizadas como meio de formação, quer seja como forma de organização para treinamento, ou para estruturação própria de cada local de atividade laboral (MAYEN; OLRY; PASTRÉ, 2017).

Segundo Pastré (2004), o conceito de *competência profissional* tem papel de centralidade na Didática Profissional. Para o autor, a competência de um indivíduo compreende um modelo próprio de funcionamento e é indissociável de suas ações profissionais, seja em teoria e/ou de caráter geral.

A noção de competência pode ser verificada e, ao mesmo tempo, desenvolvida, por meio da vivência de situações profissionais características do ofício profissional específico. Para Alves e Catarino (2019, p. 105), "a competência profissional de um indivíduo poderá ser confirmada, fortalecida ou questionada, com origem de um pensamento expressamente pragmático", o que é fornecido pela participação e reflexão sobre uma situação profissional organizada, com objetivo específico.

Assim, o conceito de competência profissional, no contexto da DP, diz respeito à capacidade dos profissionais em agir de modo eficaz sobre situações-problema desafiadoras, postas no decorrer de sua atuação profissional. De acordo com Pastré, Mayen e Vergnaud (2006), as competências mais importantes são aquelas utilizadas ou desenvolvidas em situações que saem da rotina de atuação, que demandam maior criticidade dos sujeitos.

Nesse sentido, a Didática Profissional emprega-se na organização de situações que proporcionam aos profissionais um ambiente favorável para o desenvolvimento e/ou aprimoramento de competências profissionais. "Existe uma ligação muito forte entre a resolução de problemas e a aprendizagem: quando não se tem o procedimento para alcançar uma solução, é preciso construí-lo" (PASTRÉ; MAYEN; VERGNAUD, 2006, p. 35).

Com vistas a compreender a organização das situações na DP, propõe-se a estrutura conceitual de uma situação (Figura 2). De acordo com esse conceito, uma situação é constituída por conceitos organizadores da ação, também chamados de conceitos pragmáticos. Um conceito organizador da ação é, portanto, a habilidade do profissional em realizar uma análise de determinada situação-problema e, por meio dela, organizar sua postura de ação diante da problemática a ser enfrentada:

Figura 2: Estrutura conceitual da situação.

Fonte: Elaboração autoral (2023).

Na Figura 2 propõe-se um esquema que relaciona a vivência de situações profissionais, os conceitos organizadores da ação e a construção da competência profissional. É por meio de uma situação profissional que o sujeito pode utilizar conceitos organizadores da ação para analisar o problema e agir sobre ele (ALVES; CATARINO, 2019). Ao agir de maneira eficaz, o profissional está agindo de modo competente. Do mesmo modo, sendo competente, o sujeito utiliza conceitos organizadores da ação para melhor atuar sobre situações profissionais a serem enfrentadas.

Por toda a complexidade da compreensão da aprendizagem do profissional por meio da atividade, a Situação Didática Profissional se apoia na Teoria das Situações Didáticas, descrita no tópico seguinte, especialmente por sua proposta de análise e organização das diferentes situações que envolvem a construção do conhecimento.

TEORIA DAS SITUAÇÕES DIDÁTICAS

A Teoria das Situações Didáticas (TSD) é um modelo teórico proposto por Brousseau (1986). Uma situação didática é um conjunto de relações estabelecidas entre o aluno (ou um grupo de alunos), um *milieu* (meio que permite com que a aprendizagem aconteça) e um sistema educativo (geralmente representado pela figura do professor).

De acordo com Brousseau (1986), esta relação e a organização do *milieu*, que pode incluir outros instrumentos, objetos e problemas, seria responsável pela construção do conhecimento. Ao tornar-se ativo no processo de resolução da situação, o aluno estaria reproduzindo elementos do trabalho científico, o que efetivaria a permanência e significância do conhecimento.

Desenvolvida no contexto dos estudos em Didática da Matemática Francesa, a TSD propõe que, antes do desenvolvimento de uma situação didática, são necessários o estabelecimento de outros conceitos, como o contrato didático (BROUSSEAU, 1996), os obstáculos epistemológicos (BACHELAR, 1984) e a transposição didática (CHEVALLARD, 1991), por exemplo.

É indispensável salientar que uma situação didática compreende todo um contexto organizado, intencionando-se à construção de determinado conhecimento matemático. No entanto, é na vivência das *situações adidáticas* que o processo de aprendizagem se desenvolve.

Uma situação a-didática, para Brousseau (1977), se caracteriza pelos momentos em que os estudantes trabalham de modo independente da influência do professor, exercitando e/ou colocando em prática conhecimentos adquiridos anteriormente ou ainda, conhecimentos em via de constituição.

Com o propósito de analisar os níveis de funcionamento das situações didáticas, instituem-se algumas tipologias, como: situações de ação, situações de formulação, situações de validação e situações de institucionalização. As três primeiras centram-se no papel do aluno diante da situação (visando o desenvolvimento das situações adidáticas) e a última, vinculada ao professor.

De maneira resumida, as situações podem ser caracterizadas da seguinte forma:

- *Situações de ação* – momento em que o aluno se encontra ativamente empenhado na busca por uma solução para o problema;

- *Situações de formulação* – caracterizadas pelo momento em que os estudantes já apresentam alguns modelos de representação teórica para o problema, podendo ser refutada ou validada;

- *Situações de validação* – nesse tipo de situação, o aluno já se utiliza de mecanismos de prova para validarem racionalmente suas respostas;

- *Situações de institucionalização* – diante dessa situação, o professor, apoiando-se no que foi desenvolvido pelos estudantes, apresenta de maneira matematicamente formal, o conteúdo tratado na situação.

No tópico seguinte, apresentamos a influência da Teoria das Situações Didáticas na construção do conceito de Situação Didática Profissional, bem como discorremos sobre como, diante de uma sessão didática voltada para a formação docente, em que se utiliza da SDP, as tipologias de situações ganham nova caracterização.

SITUAÇÃO DIDÁTICA PROFISSIONAL

Embasando-se nas ideias propostas pela Teoria das Situações Didáticas e pela Didática Profissional, em seus trabalhos, Alves (2018, 2019, 2020) e Alves e Catarino (2019), vem desenvolvendo o conceito de Situação Didática Profissional (SDP). O foco central da TSD é a construção do conhecimento matemático e da DP é a formação profissional por meio do trabalho. A SDP, por sua vez, trata-se de um arcabouço teórico-prático para a formação do professor de matemática.

Uma Situação Didática Profissional é, portanto, um ambiente organizado por meio de situações de aprendizagem para professores, modelizadas a partir de um obstáculo identificado no contexto profissional docente, consubstanciado nos três planos de atuação: plano de sala de aula; plano de posto de trabalho; e plano geral da instituição de ensino (ALVES; CATARINO, 2019).

O plano de atuação em sala de aula considera especialmente a relação professor-aluno, e é caracterizado pelo desenvolvimento de conceitos pragmáticos na modelização dos esquemas de ação e de antecipação do professor no ambiente de sala de aula. Já o plano determinado pelo posto de trabalho, relaciona-se ao binômio professor-professores (*métier*) e diz respeito às aprendizagens docentes decorrentes da interação com o grupo de trabalho. O terceiro plano, de atuação na instituição escolar, é caracterizado pela aquisição de conhecimentos técnicos, relativos a documentos normativos e de uma postura docente diante da sociedade (ALVES; CATARINO, 2019).

O planejamento de uma SDP é embasado na identificação de um obstáculo profissional, e tem como principal objetivo o surgimento e/ou modificação de conceitos organizadores da ação, objetivando o desenvolvimento da competência profissional, uma vez que por meio das situações vivenciadas o professor constrói um repertório antecipatório e mais amplo de ações (MORORÓ; ALVES; FONTENELE, 2022).

É importante destacar que um dos principais propósitos de uma SDP é favorecer a reflexão dos professores acerca do obstáculo profissional específico, que por sua vez proporcionou o planejamento da situação didática profissional, colaborando com a modificação e/ou construção de novas posturas de atuação.

Ao considerar a vivência de uma SDP por um grupo de professores, compreende-se que os docentes podem refletir para além de aspectos relacionados ao ensino. Também é possível considerar aspectos decorrentes da interação com seus pares, especialmente se esse contato for entre professores com diferentes tempos de experiência profissional.

Nesse sentido, Pastré (1999) acentua que, em tese, os profissionais com maior experiência (*experts*) têm maior habilidade em realizar leituras mais apuradas das situações por eles enfrentadas e dos elementos que as envolvem, sendo capazes de distinguir mais rapidamente a ordem das estratégias a

SITUAÇÃO DIDÁTICA PROFISSIONAL (SDP): UM ARCABOUÇO TEÓRICO-PRÁTICO NA...

serem utilizadas. Teoricamente, em contato com professores *experts*, os docentes noviços (em início de carreira) podem desenvolver aspectos formativos empiricamente.

No contexto deste trabalho, propõe-se exemplificar o planejamento de uma sessão didática de ensino para a formação de professores, utilizando duas situações didáticas profissionais. Para tal, optou-se por descrever os processos de aplicação destas SDPs com base nas situações didáticas concernentes à TSD.

Nesse âmbito, é necessário destacar a importância da situação de institucionalização, que no seio da SDP não se relaciona com a formalização do conhecimento matemático, mas com o momento em que o formador (ou professor mediador da situação didática profissional) estimula, a partir do que foi vivenciado, reflexões sobre o ensino e/ou o contexto de atuação do docente como um todo, especialmente em relação ao obstáculo profissional em que se centra a SDP. A seguir, no tópico Sessão Didática, apresentamos com maior propriedade essa diferenciação.

SESSÃO DIDÁTICA

Aqui apresenta-se uma proposta de planejamento de sessão didática de ensino no contexto da formação de professores, embasando-se na definição de Situação Didática Profissional, que parte inicialmente, da identificação de obstáculos profissionais específicos da atuação do professor de matemática, seja no plano de sala de aula, no plano do posto de trabalho, ou ainda, no plano da instituição educacional.

No contexto deste estudo, optou-se por direcionar o planejamento a partir de obstáculos profissionais específicos do plano de atuação em sala de aula, de maneira especial, no que diz respeito ao ensino de funções. Neste caso, foram considerados dois obstáculos, identificados por meio do estudo apresentado por Lima (2017), a saber:

> (a) *obstáculo I*: a dificuldade dos professores em adotar uma postura de ensino que privilegie a compreensão do conceito de função (embasando o planejamento da SDP I); (b) *obstáculo II*: a necessidade de uma postura de ensino que favoreça a reflexão sobre as diferentes representações de uma mesma função (embasamento para o planejamento da SDP II).

Na descrição das duas SDPs que compõem a sessão didática de ensino proposta, foram utilizadas as tipologias das situações didáticas apresentadas por Brousseau (1986) no contexto da TSD, em que se enfatizam as possibilidades formativas inerentes às SDP em cada uma de suas etapas: ação, formulação, validação e institucionalização.

É importante ressaltar que, mesmo utilizando-se de problemas matemáticos para a organização das SDP, seu objetivo não é, necessariamente, a construção do conhecimento matemático, mas sim o de estimular as reflexões dos professores sobre o ensino e a aprendizagem, bem como de alguns obstáculos específicos do seu campo de atuação profissional.

A Situação Didática Profissional I (SDP I) é composta por uma situação-problema advinda da obra Multiversos Matemática: conjuntos e funções afins (SOUSA, 2020). Ela tem como objetivo estimular a reflexão dos professores acerca da necessidade da adoção de uma postura de ensino que privilegie a compreensão do conceito de função.

Quadro 1: Problema utilizado na Situação Didática Profissional I (SDP I).

Considerando a alta demanda de consumo de plástico no mundo e que, potencialmente, é necessário produzir uma grande quantidade de produtos que utilizam esse material, temos no processo de reciclagem uma alternativa para diminuir a quantidade de insumos utilizados na produção de novos materiais e produtos plásticos. A água, por exemplo, é um dos insumos que pode ter o consumo reduzido. Estima-se que a cada 1 t de plástico reciclado sejam economizados 450 L de água, que seriam utilizados no processo de produção convencional dessa mesma quantidade de plástico.

Com base nas informações apresentadas, podemos relacionar as grandezas massa de plástico reciclado e a quantidade de água economizada.

Massa de plástico reciclado (t)	Quantidade de água economizada (L)
1	450
2	900
3	1 350
4	1 800
5	2 250

a) Dessa forma, qual a quantidade de massa de plástico reciclado seria necessária para proporcionar uma economia de 3600 litros de água?
b) Que relação é estabelecida entre as grandezas?
c) De quais outras formas podemos expressar essa relação?
d) É possível generalizar a ideia de relação entre as grandezas, a exemplo do que acontece na situação?

Fonte: Adaptado de Sousa (2020, p. 64).

Situação de ação: ao apresentar o problema, espera-se que os professores se debrucem sobre a sua leitura, definindo as estratégias de resolução. Para a resolução do item (a), os docentes podem utilizar os dados da tabela, concluindo como resposta que seriam necessárias 8 toneladas de massa de plástico, para que fossem economizados 3600 litros de água.

De maneira semelhante, no item (b) é esperado que os docentes reconheçam que se trata de uma relação de dependência entre variáveis. Assim sendo, é possível que ao solucionar estes itens os professores reflitam sobre a necessidade de o aluno compreender que, em uma função, a relação estabelecida entre as variáveis possibilita a observação de diversos fenômenos acerca das grandezas envolvidas.

Situação de formulação: nesta etapa, espera-se que os docentes possam discutir com os colegas de *métier*, apresentando modelos já elaborados, a exemplo, das reflexões que os professores podem fazer a partir da resolução do item (c), quando se questiona quais são as formas possíveis de representação de uma função. Algumas dessas reflexões podem ser: a necessidade de deixar claro para os alunos a ideia de independência e dependência entre as variáveis e a indispensabilidade do aprofundamento de todos os termos que constituem um conceito em matemática.

Situação de validação: nesse momento, é esperado que os professores solucionem o item (d), que sugere a construção da generalização de um modelo matemático para o conceito de função. Esta generalização pode ser realizada de forma descritiva e/ou algébrica. Perspectiva-se que os docentes interajam entre si, discutindo esquemas de resolução, ou ainda, aspectos relacionados ao ensino.

Situação de institucionalização: nessa etapa cabe ao formador estimular a reflexão dos professores acerca do ensino de funções, fazendo questionamentos e retomando momentos vivenciados no decorrer da situação, especialmente no que compete à compreensão deste conceito, uma vez foi identificado que é este o principal obstáculo profissional que favorece a construção da SDP I. É possível ainda que nesta etapa, e por meio da vivência da SDP I, os professores reflitam sobre a importância da formalização de um determinado conteúdo em matemática, bem como a necessidade de promover um aprofundamento das ideias apresentadas e dos benefícios de propor um ensino que preconize a construção gradativa do conteúdo pelo estudante.

A Situação Didática Profissional II (SDP II) tem como objetivo estimular a reflexão dos professores acerca da adoção de uma postura de ensino que favoreça a compreensão da relação entre as diferentes representações de uma mesma função. Neste caso, em particular, abordamos a função polinomial do 1º grau. A SDP II foi estruturada a partir de uma situação-problema advinda da obra de Iezzi (2013), (Quadro 2):

Quadro 2: Problema utilizado na Situação Didática Profissional II (SDP II).

O custo C de produção de x litros de uma certa substância é dado por uma função linear de x, com x 0, cujo gráfico está representado abaixo.

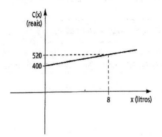

a) Nessas condições, o custo de R$ 700,00 corresponde à produção de quantos litros?
b) Represente essa função em forma de tabela.
c) Determine a representação algébrica da função.

Fonte: Adaptado de Iezzi (2013, p. 107).

Situação de ação: ao apresentar a situação-problema para os docentes, perspectiva-se que eles analisem as possíveis estratégias para a sua resolução. Para a solução do item (a), é esperado que os professores possam façam a análise do gráfico que representa a função descrita na situação, e então, deduzam quantos litros poderiam ser produzidos com o custo de R$ 700,00.

Situação de formulação: para a resolução do item (b), projeta-se que os professores construam a representação tabular da função descrita no problema. Neste momento, os docentes podem escolher dentre os diferentes intervalos de representação das grandezas disponibilizados na tabela, discutindo entre si as diferenças e semelhanças neste tipo de apresentação dos dados.

Ao resolver estes itens, os professores podem refletir sobre a importância de apresentar aos alunos a análise de todos os tipos de representação de uma

SITUAÇÃO DIDÁTICA PROFISSIONAL (SDP): UM ARCABOUÇO TEÓRICO-PRÁTICO NA...

mesma função, em diferentes perspectivas de movimento e transposição de uma para outra, em detrimento da apresentação de representações isoladas.

Situação de validação: o item (c) do problema propõe a construção de uma representação algébrica para a função. Perspectiva-se que os professores possam desenvolvê-la sem dificuldades, o que pode ocorrer por diferentes métodos. Por exemplo, é possível identificar alguns parâmetros indispensáveis à construção de uma função polinomial do 1º grau, como o coeficiente de variação (coeficiente angular) e a taxa fixa (coeficiente linear).

Situação de institucionalização: nesse momento é importante que o formador retome o obstáculo considerado no planejamento da SDP, , bem como tome por base alguns dos procedimentos e comentários dos docentes para promover questionamentos potencializadores de reflexão.

É possível ainda que, por meio da vivência da SDP II, os professores reflitam sobre a necessidade de proporcionar um ensino que conecte os diversos conteúdos em matemática, como por exemplo, a relação entre as diferentes representações de uma mesma função, em detrimento do estudo de representações isoladas.

Salienta-se que as situações de ação, formulação e validação, mesmo que descritas separadamente nesta proposta, no campo prático podem acontecer simultaneamente. Também é possível intercalar características de duas ou mais situações em um único momento, ou ainda, não ocorrerem todas, na vivência de uma mesma situação didática profissional.

CONSIDERAÇÕES FINAIS

O presente trabalho teve como objetivo apresentar o planejamento de uma sessão didática de ensino, com base no conceito de Situação Didática Profissional na formação, direcionada à formação do professor de matemática. Acredita-se que o objetivo tenha sido alcançado, uma vez que, ao considerarmos dois obstáculos profissionais do professor de matemática no campo de atuação de sala de aula, de maneira específica, no contexto do ensino de funções, planejou-se e descreveu-se a aplicação de duas SDPs acerca do tema, destacando-se possíveis potencialidades reflexivas e formativas destas.

Apoiamo-nos em aspectos de Didática Profissional, no que concerne à formação profissional docente no contexto da prática, nas características de organização e construção do conhecimento, perpassando a relação complementar entre DP e TSD. Deste modo, compreende-se que a Situação Didática Profissional representa um importante arcabouço teórico-prático para a formação do professor de matemática, especialmente por permitir a análise de obstáculos profissionais reais enfrentados pelos docentes em sua atuação.

Ademais, é importante ressaltar que a Situação Didática Profissional é uma proposta teórica recente e que demanda a ampliação de intervenções práticas, bem como a publicação de obras que forneçam resultados de sua utilização no contexto da formação docente em matemática. Nesse sentido, valida-se a necessidade de realização do presente trabalho e perspectiva-se a aplicação da sessão didática de ensino planejada.

REFERÊNCIAS

ALMOULOUD, S. A. **Fundamentos da Didática da Matemática.** Paraná: Editora. UFPR. 2007.

ALVES, F. R. V. **Didactique professionnelle (DP) et la théorie des situtions didactiques (TSD): le cas de la notion d'obstacle et l'activité de professeue.** Em Teia: Revista de Educação Matemática e Tecnológica Iberoamericana, 9(3), 1-26. 2018.

ALVES, F. R. V. **Didactique Pprofessionnelle (didaprof): repercussão para a pesquisa em torno da atividade do professor de matemática.** Revista Paradgima, 16(1), 1-54. 2020.

ALVES. F. R. V.; CATARINO, P. M. M. C. **Situação Didática Profissional: um exemplo de aplicação da Didática Profissional para a pesquisa objetivando a atividade do professor de Matemática no Brasil.** Indagatio Didactica, vol. 11 (1), julho, 2019.

BACHELARD, G. **A formação do espírito científico.** Trad. Estela dos Santos Abreu. Rio de Janeiro: Contraponto, 1995.

BROUSSEAU, G. **Fondements et méthodes de la didactique des mathématiques.** Recherches em Didactiques des Mathématiques. 33-116. Grenoble, 1986.

BROUSSEAU, G. **Theory of Didactical Situations.** Dordrecht: Kluwer Academic Publishers. 1997.

CAMILO, A. M. D. S.; ALVES, F. R. V.; FONTENELE, F. C. F. **A Didática Profissional (DP) articulada à Teoria das Situações Didáticas (TSD) na formação de professores de matemática no Brasil: o caso de uma situação didática direcionada ao Spaece.** #Tear: Revista de Educação Ciência e Tecnologia, v.9, n.1, 2020.

CHEVALLARD, Y. **La transposición didáctica: del saber sabio al saber enseñado.** Buenos Aires: Aique, 1991.

CHEVALLARD, Y. **La transposition didactique.** Grenoble: Éd. La Pensée Sauvage, 1983.

GIL, A. C. **Métodos e técnicas de pesquisa social.** 6ª . ed. São Paulo: Editora Atlas,. São Paulo, 2008.

IEZZI, Gelson. **Fundamentos de matemática elementar.** Vol 1 – conjuntos e funções. Gelson Iezzi, Carlos Murakami. – 9. ed. – São Paulo: Atual, 2013.

LEPLAT, J. **L'analyse psychologique de l'activité en ergonomie.** Toulouse: Octares, 1995.

LIMA, P. D. C. **Uma metanálise de artigos sobre o ensino e a aprendizagem de função na Educação Básica publicados, por pesquisadores brasileiros, nos últimos dez anos, na revista Educação Matemática Pesquisa.** Dissertação de Mestrado – Programa de Pós-graduação em Educação Matemática. Pontifícia Universidade Católica de São Paulo. 2017.

MAYEN, P.; OLRY, P.; PASTRÉ, P. **L'Ingénierie Didactique Professionnelle.** In: CARRÉ, P.; GASPAR, P. (Orgs.) Traité des sciences et des techniques de la Formation – 4e edition. (pp. 467 – 482). 2017. Tradução de Francisco Régis Vieira Alves. Pesquisa e Ensino, Barreiras (BA), Brasil. 2020.

MORORÓ, F. N. M.; ALVES, F. R. V.; FONTENELE, F. C. F. **Didática Profissional (DP) e Teoria das Situações Didáticas (TSD): uma proposta de caracterização da Situação Didática Profissional (SDP).** Papeles, *15*(29), e1381. 2022. https://doi.org/10.54104/papeles.v15n29.1381.

PASTRÉ, P. **La conceptualisation dans l'action: bilan et nouvelles perspective.** Education Permanente, Paris, n. 139, p. 13-35, 1999.

PASTRÉ, P. **l'analyse du travail em didactique professionnelle.** Revue Française de Pédagogie, Lyon, 138, janv/mars, 2002.

PASTRÉ, P. **Les compétences professionnelles et leur développement.** La Revue de la CFDT, França, 2004.

PASTRÉ, P.; MAYEN, P.; VERGNAUD, G. **La didactique professionnelle.** Revue française de pédagogie [En ligne], 154, janvier/mars, 2006.

SOUSA, J. R. D. **Multiversos Matemática: Conjuntos e função afim: Ensino Médio.** 1. ed. São Paulo: Editora FTD, 2020.

VERGNAUD, G. **Concepts et shèmes dans une théorie opératoire de la representation.** Psychologie Française, n.30, p.248-252, 1985.

CAPÍTULO 11

GEOGEBRA APLICADO À RESOLUÇÃO DE PROBLEMAS OLÍMPICOS NA PERSPECTIVA DA TEORIA DAS SITUAÇÕES DIDÁTICAS

Paulo Vitor da Silva Santiago
Roger Oliveira Sousa
Francisco Régis Vieira Alves

Resumo

Este trabalho tem como objetivo apresentar uma investigação estruturada a partir de um problema olímpico, extraído da Olimpíada Internacional de Matemática, envolvendo o conteúdo de Geometria Plana, norteada pela Teoria das Situações Didáticas. A inclusão das tecnologias digitais na preparação olímpica tem ocorrido de maneira sistemática com um grupo de estudantes, que se preparam para as competições (inter)nacionais de Matemática. Esse modelo de abordagem inclui estratégias do raciocínio matemático, tomada de decisão na resolução de problemas e a Transposição Didática dos conhecimentos prévios, como forma de viabilizar a compreensão de problemas matemáticos deste tipo de competição. A metodologia adotada foi de natureza qualitativa, do tipo exploratória, em que foi desenvolvida uma sequência didática olímpica nos modelos de ensino remoto e presencial. Por último, enfatizamos o uso do *software* GeoGebra como ferramenta digital para a elaboração de exemplos matemáticos e resolução de situações-problema em Geometria Plana. Este *software* foi um recurso valioso no desenvolvimento da solução, proporcionando o desencadeamento de ideias e habilidades cognitivas na resolução da situação proposta.

Palavras-chave: GeoGebra. Geometria Plana. Situação Didática. Olimpíada de Matemática.

INTRODUÇÃO

Os Problemas Olímpicos (PO) exigem estruturação, investigação e estabelecimento de conjecturas, que por sua vez auxiliam os estudantes no desenvolvimento do pensamento matemático para a resolução das questões propostas em competições olímpicas de matemática.

De acordo com Oliveira Júnior, Pinheiro e Barreto (2022, p. 2), "encontrar jovens com aptidão para a disciplina e suas provas destacam-se por cobrar dos estudantes itens que envolvem principalmente o raciocínio lógico, por meio de perguntas que possuem, muitas vezes, uma questão mais intuitiva do que conteudista". Com isso, percebe-se que não é fácil para o professor equilibrar uma turma com diferentes níveis de conhecimento. Assim, por vezes, as aulas preparatórias para olimpíadas de matemática são incluídas em disciplinas eletivas ou em horários-extra, trabalhadas em momentos fora da rotina escolar.

Diante desta situação, é de fundamental importância o professor estar preparado para trabalhar alguns assuntos, às vezes diferentes do que são expostos em sala de aula, com uma dinâmica metodológica diversificada. E contar com a parceria da escola para o bom andamento desta preparação e do sucesso nas aprovações dos estudantes.

Conforme Alves (2020), para este modelo de abordagem, deve-se oferecer e gerar uma possibilidade diferenciada com vistas a atrair jovens talentos, sejam estudantes iniciantes ou mais maduros, de forma flexível. A construção de um ambiente de torneio acirradamente competitivo, marcado pela atividade intelectual dos competidores, cujo ápice se desvela através do recebimento de medalhas ou outras formas de recompensa, oferece a esses estudantes destaque social mediante prêmios, oportunidades e apoio de associações científicas.

Ainda segundo o autor, outro aspecto pouco discutido na literatura diz respeito à formulação e geração de problemas matemáticos destinados a avançar fundamentalmente nos perfis de pesquisa dos estudantes, sejam eles mais ou menos inclinados a competir em Olimpíadas de Matemática. Sousa, Azevedo e Alves (2020, p. 331), apontam que o professor, ao trabalhar com questões de matemática em sala de aula percebem "[...] que os estudantes, em um panorama geral, apresentam dificuldades na interpretação de problemas, impactando diretamente na sua compreensão global do assunto e em sua habilidade de resolvê-los". Isto nos motiva na escrita deste trabalho e modelo de abordagem.

Assim, temos o seguinte problema de investigação: que tipo de aprendizagem os estudantes se deparam no estudo de problemas olímpicos de matemática e em sua prática de resolução com uso do GeoGebra, no caso específico da Geometria Plana?

Nessa perspectiva, elencamos a Teoria das Situações Didáticas (TSD) e suas fases dialéticas para e estruturar uma situação didática olímpica de aprendizagem, a partir da resolução de um problema de olimpíada internacional, com suporte do *software* GeoGebra por estudantes do Ensino Médio.

A prática dessa proposta didática surgiu a partir das observações do primeiro autor deste trabalho, que atua como Professor Coordenador de Olimpíadas de um dos Polos Olímpicos de Treinamento Intensivo (POTI), regional Sertão Central - CE, e docente na Escola de Ensino Médio João de Araújo Carneiro, localizada na região de Canafístula, Quixeramobim, Ceará, Brasil.

O desenvolvimento deste trabalho ocorreu por meio de uma metodologia qualitativa e exploratória, em uma escola da rede pública estadual de ensino, em uma turma de 3º ano do Ensino Médio. As aplicações ocorreram mensalmente, em um período de um quadrimestre, totalizando quatro encontros. Cada encontro realizado constava de uma carga horária de 02 horas/aula, sendo dois destes encontros via Google Meet e os outros dois em formato presencial, no decorrer das aulas preparatórias.

Os próximos tópicos do artigo apresentam o referencial teórico adotado, a metodologia estruturada, seus resultados e discussão, bem como nossas considerações.

REFERENCIAL TEÓRICO

Teoria das Situações Didáticas (TSD)

A Teoria das Situações Didáticas objetiva identificar as relações entre o professor, estudante e saber. É essencial incluir a teorização de fenômenos ligados a esses três pilares, denominados por Brousseau (1986) de triângulo didático, intermediados pelo saber em situações de ensino. De acordo com Brousseau (2008, p. 32), o saber é entendido como "o produto cultural de uma instituição cujo objetivo é identificar, analisar e organizar os conhecimentos a fim de facilitar sua comunicação".

Para o autor, o conhecimento é construído pelas fases da TSD que são ação, formulação, validação e institucionalização. Assim, o professor consegue construir situações didáticas cujas apresentações não sejam ensinar diretamente – mas que os estudantes aceitem – e consigam analisar, pensar e refletir qual habilidade matemática pode ser incluída na situação-problema por conta própria, em um processo de devolução, que ocorre ao longo de toda a situação didática. Resumidamente, as situações ou fases da TSD podem ser descritas, a partir das ideias de Brousseau (1996, 2008), como:

- *Situação de ação*: momento da tomada de decisão do estudante a partir da observação da situação-problema. Nesta etapa, o estudante pode desenvolver técnicas para a resolução do problema, manifestando mudanças no conhecimento das "descrições de táticas que o indivíduo parece seguir ou pelas declarações daquilo que parece considerar, mas tudo são só projeções" (Brousseau, 2008, p. 28), entre o indivíduo e o saber.

- *Situação de formulação*: o sujeito retoma o problema proposto, a fim de entender a resolução. O uso da etapa de formulação envolve outros estudantes na comunicação das informações descritas. Em uma primeira etapa, o estudante observa os seus colegas e compartilha as informações encontradas para os demais; em uma segunda etapa, o conhecimento de cada estudante é estruturado pelo conjunto das estratégias relatadas.

- *Situação de validação*: diferente da formulação, nesta etapa o emissor não participa como informador, mas um interlocutor; e o receptor, um locutor. Os indivíduos reúnem informações para apresentar formalmente a resolução do problema, ou seja, encontrar um método matemático para ser vinculado ao saber.

Brousseau (1996) relata que na TSD os estudantes revelam as características das situações encontradas. Nesse contexto, as interações de um estudante com o meio podem ser classificadas em três classes: a) troca de ideias não decifradas ou sem decisões; b) troca de ideias decifradas em uma linguagem formal e; c) a troca de opiniões.

Essas classes são divididas em três para que os estudantes estruturem as situações propostas. Cada indivíduo, toma sua posição nas declarações com a equipe diante do problema, havendo divergência, pede outra demonstração ou solicita que outro estudante aplique com outros métodos de aprendizagem. Este momento composto pelas três primeiras fases da TSD é denominado pelo autor como situação adidática, em que o estudante se desenvolve na situação sem a intervenção do docente (BROUSSEAU, 2008).

- *Situação de institucionalização*: Nesta etapa, o professor retoma a situação para apresentar a solução do problema proposto, intervindo na interação e discussão do grupo diante do saber ensinado. Brousseau (1996, p. 45), descreve que a "[...] institucionalização é voltada para a apropriação dos saberes pelo estudante".

Para Maia e Proença (2016), saber distinguir *problemas* de *exercícios* é uma situação comum entre os professores. Um problema real deve apresentar um desafio real, e os estudantes buscam alcançar resultados por meio de uma série de ações. Quando pensamos em um problema matemático, imediatamente nos vêm à mente várias fórmulas para tentar encontrar uma solução para o desafio proposto. É importante ressaltar que fazer matemática está diretamente relacionado à prática da resolução de problemas, e muitas vezes as fórmulas nos dão a praticidade para gerar a solução correta.

Badia *et al.* (2013) e Flores *et al.* (2011) descrevem que o tempo do docente é uma dificuldade para a não exploração das ferramentas tecnológicas na resolução de problemas, o que se traduz em um empecilho à inclusão destas ferramentas em sala de aula, mesmo em situações que as instituições de ensino estão bem equipadas. Estudos relatam que o conhecimento digital dos professores perpassado via formação adequada ao uso destas tecnologias ainda é escasso (CARRAPIÇO, 2018). O não uso de tecnologias digitais em sala de aula é devido à ausência de formações contínuas para os professores.

Dessa forma, o docente tem papel importante na inclusão de novos conhecimentos voltados para a melhoria do processo de ensino e aprendizagem, a partir do uso de problemas olímpicos de matemática e suas possibilidades de abordagem com as tecnologias digitais.

Problemas Olímpicos e sua abordagem com uso da tecnologia

No desenvolvimento deste trabalho, realizamos a análise dos livros *The IMO Compendium: A Collection of Problems Suggested for the International Mathematical Olympiads: 1959-2009* e *Círculos Matemáticos: A Experiência*

Russa, do Instituto de Matemática Pura e Aplicada (IMPA). Esta escolha ocorreu devido o primeiro autor já trabalhar com situações-problema de outras competições anteriores à IMO. Para este trabalho foi escolhida uma questão de Geometria Plana, do ano de 2009.

Na concepção da situação olímpica, foi estruturado um PO, seguindo as fases dialéticas da TSD, e teve o suporte do *software* GeoGebra para a construção das figuras, possibilitando a sua visualização em duas e três dimensões. O GeoGebra serviu como suporte tecnológico ao estudante na estruturação de cada etapa do PO, propiciando o estabelecimento de conjecturas a partir do aspecto visual, bem como a ampliação do conhecimento matemático durante seu uso. Assim, torna-se necessário que o professor, ao trabalhar em sala de aula com a Geometria, tenha muito cuidado em seu ensino e nos métodos utilizados para este, para que o recurso venha a somar na aprendizagem dos conceitos (SANTIAGO, 2021).

Portanto, a inclusão de um PO internacional com suporte do GeoGebra pode despertar a atenção dos estudantes e estimular a percepção e interesse pela Geometria. Contudo, para que a aula aconteça de forma proveitosa, o professor necessita estar a par do problema proposto, motivado a despertar o interesse de seus estudantes, e claro, ter domínio do conteúdo exposto. Polya (2006, p. 13) reforça que "ninguém consegue motivar o estudante para o aprendizado, se não possuir motivação. Se você não gosta de um assunto, dificilmente fará com que seu estudante se interesse por ele".

O interesse surge do professor pelo que ensina, sendo indispensável que o conhecimento teórico matemático seja ensinado por quem já tem experiência e habilidade com o conteúdo. Andrade (2019, p. 39) destaca que o ensino de Geometria possibilita ao estudante buscar "críticas sobre a realidade no qual está inserido, permitindo-lhe relacionar o conteúdo visto em sala de aula com situações concretas, dando-lhe assim a oportunidade de conceber suas descobertas a partir do concreto para depois aproximar-se das situações mais abstratas".

A introdução de tecnologias digitais nas escolas pode mudar a prática educacional, oferecendo novas abordagens para a aprendizagem, criando assim um ambiente mais interativo e dinâmico (SCHEFFER; HEINECK, 2016). Para isso, é preciso planejar em redes educacionais, considerando as especificidades da instituição e preparo por parte dos professores, tendo o computador

GEOGEBRA APLICADO À RESOLUÇÃO DE PROBLEMAS OLÍMPICOS NA PERSPECTIVA...

como um aliado na relação com o ensino (ABREU; BAIRRAL, 2010). Tais avanços no uso de tecnologias digitais podem levar a uma reorganização do sistema escolar, o que pode alterar a dinâmica da aula. Isso se reflete no planejamento de políticas públicas, onde tais preocupações são levantadas e possíveis soluções são buscadas, como propõe a Base Nacional Comum Curricular (BNCC) (BRASIL, 2018).

Com base nisto, a referida pesquisa constrói uma relação entre a TSD, as tecnologias digitais, como o caso particular do GeoGebra e a adoção de problemas olímpicos, visando uma proposta de ensino para o cálculo do circuncentro do triângulo retângulo e a tangente inscrita de uma circunferência.

METODOLOGIA

Para esta pesquisa utilizamos uma metodologia qualitativa, do tipo exploratória, fundamentada por um estudo de caso (GIL, 2007), em que observamos o experimento aplicado e aportamos os dados relevantes, que permitem validar as hipóteses apresentadas. O estudo de caso, segundo Gil (2007), serve para viabilizar as descrições dos dados, incluindo-se num estudo exaustivo de um ou poucos objetos, de maneira que se disponha o seu extenso e detalhado conhecimento.

Na aplicação com os estudantes, o autor utilizou *notebook*, para que os estudantes tivessem a oportunidade de movimentar a construção, e o projetor multimídia, para projeção das construções realizadas no GeoGebra pelos estudantes.

A metodologia desenvolvida nas aulas de preparação para olimpíadas de matemática, perfazendo um total de 4 encontros, com carga horária 02 horas/aula cada. O público-alvo foi uma turma de 3º ano do Ensino Médio, com 28 estudantes. Os encontros ocorreram nos formatos presencial (02 encontros) e remoto (02 encontros), onde a turma foi dividida em 5 pequenos grupos, para que a construção do problema olímpico fosse estruturada de forma mais eficiente, almejando que cada estudante realizasse os passos da atividade proposta.

O professor estabeleceu o contrato didático com a turma para o bom desenvolvimento da situação didática olímpica, enfatizando a importância da participação e do esforço de cada estudante na construção da solução.

Apresentado todo o percurso da atividade, os estudantes receberam o problema proposto para leitura e análise das informações e como eles deveriam desenvolvê-la no GeoGebra. Os grupos foram divididos no intuito de ver como aconteceria cada construção geométrica em 2D e 3D no *software*.

Para a coleta de dados foi utilizado um formulário virtual na plataforma *Google Forms*. O formulário foi utilizado para um levantamento acerca dos conhecimentos prévios sobre o *software* GeoGebra da turma, bem como reflexões sobre seu aprendizado nas aulas remotas. Outros dados também foram coletados na forma de arquivos de gravação em áudio, vídeo e registro fotográfico. Preservamos a identidade dos sujeitos desta aplicação, por questões éticas e, portanto, os estudantes têm seus nomes representados por Participante 1, Participante 2, e assim sucessivamente.

Na Figura 1 temos a versão traduzida para o português brasileiro da questão proposta, extraída do exame da IMO (2009). A questão menciona a relação entre a circunferência e os pontos notáveis de um triângulo retângulo, sendo entendida pelo estudante ao buscar o conceito de ponto médio de um segmento:

Figura 1: Enunciado traduzido para aplicação com estudantes brasileiros.

Problema 2. Seja ABC um triângulo cujo circuncentro é O. Sejam P e Q pontos interiores dos lados CA e AB, respectivamente. Sejam K, L e M os pontos médios dos segmentos BP, CQ e PQ, respectivamente, e Γ a circunferência que passa por K, L e M. Suponha que a recta PQ é tangente à circunferência Γ. Demonstre que $OP = OQ$.

Fonte: Adaptado de IMO (2009).

A Olimpíada Internacional de Matemática de 2009 foi realizada na cidade Bremen, Alemanha. Este problema foi proposto pela delegação do país da Rússia.

DISCUSSÃO E RESULTADOS

A partir daqui, apresentamos a análise dos dados coletados mediante as ações dos estudantes. O professor incentivou a turma a dividir-se em pequenas equipes para realizar uma breve leitura da questão e esboçar a construção no *software* GeoGebra.

Situação de ação: nesta etapa, os estudantes discutem sobre o problema olímpico proposto pelo professor. Dessa forma, a produção escrita tem caráter de troca de informações e a criação de estratégias. Neste contexto, os estudantes analisaram a circunferência ligada ao ponto médio do triângulo retângulo ∆ABC, percebendo que o ponto médio do ∆ABC tem a reta passando pelo triângulo ∆APQ.

Situação de formulação: nesta etapa, surgem as diferentes produções e informações dos estudantes para criação de uma resolução única, assegurando a resposta adequada ao problema olímpico. Aqui os estudantes justificaram suas descrições através das argumentações da equipe junto aos pressupostos levantados na etapa anterior. Com o suporte do GeoGebra, realizaram a exploração de propriedades matemáticas a partir da descrição dos pontos K, L, M, B' e C', relativos aos pontos médios de BP, CQ, PQ, CA e AB, como pode ser visto na Figura 2:

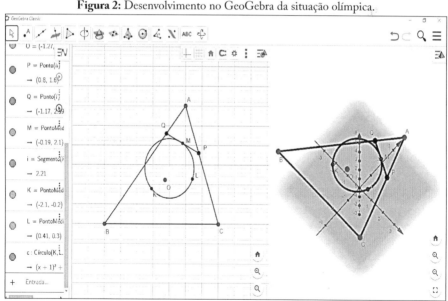

Figura 2: Desenvolvimento no GeoGebra da situação olímpica.

Fonte: Dados da pesquisa (2023).

Assim, ampliando a figura construída no GeoGebra, os estudantes perceberam que a relação de CA ∥ LM tem relação com os pontos ∠LMP = ∠QPA. Como o ponto K toca o segmento PQ em M, encontra-se a descrição $\angle LMP = \angle LKM$. Assim, foi possível analisar outro triângulo, o ΔKLM, descrito na circunferência com lados iguais e um diferente.

Portanto, os pontos médios descritos pelos estudantes incluíram $PAQPA = \angle LKM$. Com isso, seguiram na descrição de que $AB \parallel MK$ e que $\angle PQA = \angle KLM$, determinando seus ângulos. Notou-se também a relação existente entre os triângulos ΔAPQ e ΔMKL. Podemos observar que os pontos equivalentes de $AP \cdot PC = AQ \cdot QB$, diante dos pontos P e Q em relação à circunferência do triângulo ΔABC são tais que $OP = OQ$, o que foi demonstrado na validação da situação.

Situação de validação: aqui ocorreram mudanças de ideias a partir da confluência de informações e da interação entre a equipe, almejando provar as conjecturas descritas na etapa anterior. Deste modo, os estudantes discutiram, analisaram e chegaram a uma conclusão a partir das informações encontradas e suas resoluções escritas. Ressaltamos que as fases de ação, formulação e validação da situação didática olímpica, bem como a a resposta apresentada foram realizadas sem interferência do professor, compondo o que Brousseau denomina por situação adidática. Na descrição final apresentada pelos estudantes, temos:

$$OP2 - OQ2 = OB'2 + B'P2 - OC'2 - C'Q2$$

$$= (OA2 - AB'2) + B'P2 - (OA2 - AC'2) - C'Q2$$

$$= (AC'2 - C'Q2) - (AB'2 - B'P2)$$

$$= (AC' - C'Q)(AC' + C'Q) - (AB' - B'P)(AB' + B'P)$$

$$= AQ \cdot QB - AP \cdot PC$$

Os estudantes concluíram que os pontos ligados são definidos na relação que estabelece que OP2 - OQ2 = 0. Isto pode ser visto nas Figuras 3 e 4, que contém o registro de formalização das soluções pelos estudantes, bem como a visualização da tangente inscrita da circunferência em 3D. Os estudantes observaram os pontos circunscritos na esfera tridimensional e que a tangente estava inclusa no triângulo retângulo:

Figura 3: Desenvolvimento final do problema olímpico.

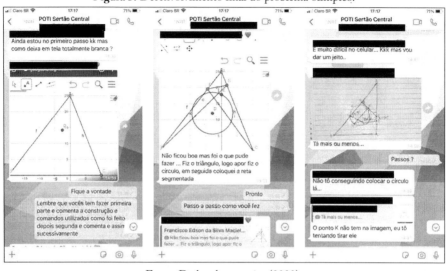

Fonte: Dados da pesquisa (2023).

Figura 4: Desenvolvimento final do problema olímpico.

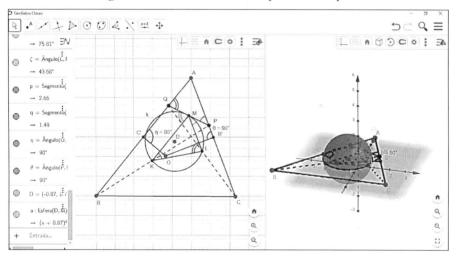

Fonte: Dados da pesquisa (2023).

Um dos estudantes, o Participante 3, descreveu a solução apresentada como representante da turma, apontando o seguinte percurso em um registro de áudio:

> *Inicialmente, utilizei o comando segmento para construir o triângulo retângulo ABC, sem medidas exatas, conforme consta na questão. Segui o comando Círculo Definido por Três Pontos para incluir a circunferência sem medição. Finalmente, adicionei alguns pontos para formar um triângulo com o ponto médio O como centro, OP = OQ para provar a resolução da situação. (Participante 3)*

A apresentação desta solução foi realizada no Google Meet para os participantes presentes, como mostra o recorte do registro de vídeo na Figura 5:

Figura 5: Validação apresentada pelo Participante 3.

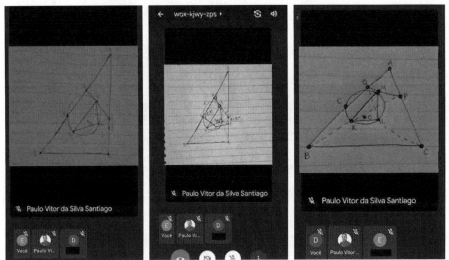

Fonte: Dados da pesquisa (2023).

Diante dos dados analisados, verificou-se que outros estudantes da turma também encontraram a mesma geometria do triângulo retângulo, atingindo assim o objetivo deste da situação didática. Ademais, conforme as informações obtidas no formulário aplicado aos estudantes, a plataforma de ensino Google Meet associada ao uso do *software* GeoGebra foi muito importante para entender esse tipo de questão e adquirir novos conhecimentos, dada a possibilidade de visualização e manipulação da construção ao estabelecer um método de resolução de problemas.

Situação de institucionalização: o professor revela a resolução para os estudantes, intervindo a partir das ideias colocadas por eles. Brousseau (1981, p. 17) explica que este é o "[...] momento de fixação ou convenção explícita do estatuto cognitivo de um conhecimento, ou saber". Artigue (1984, p. 8), fala sobre o papel do professor de matemática na exposição do conhecimento científico em sala de aula, reforçando ainda que o "[...] conhecimento matemático que o *expert* deverá convencionar ou fixar, seguindo os rituais acadêmicos, com estatuto de um novo saber, rico em relações conceituais".

Destacamos que ao relacionar as situações olímpicas e o *software* GeoGebra possibilita uma melhor interação entre o estudante e o saber, culminando na construção da aprendizagem. O suporte do GeoGebra proporcionou que mais estudantes do que o de costume alcançassem a compreensão da situação. Embasados nas falas dos estudantes, concluímos que a utilização deste tipo de problema com a tecnologia permite uma aproximação entre os distintos tipos de raciocínio matemático na estruturação e validação de conjecturas, culminando em uma consequente aprendizagem de conceitos.

CONSIDERAÇÕES FINAIS

O ensino da matemática deve incluir elementos voltados à preparação para torneios olímpicos, como estratégias didáticas junto à modelização de problemas com o estilo de questões olímpicas. Apresentamos neste trabalho uma situação didática olímpica, estruturada de modo a instigar os estudantes a desenvolver o raciocínio e os saberes matemáticos ao longo do processo de aprendizagem.

Este trabalho trouxe uma experiência com as fases dialéticas da Teoria das Situações Didáticas (TSD), associada à construção de uma sequência didática para aulas de olimpíadas de matemática, incentivando o interesse e a aprendizagens dos estudantes. Neste caso específico, tratamos os conteúdos de circuncentro do triângulo retângulo, em Geometria Plana, e a tangente da circunferência inscrita, associando-a à Geometria Espacial, a partir das janelas 2D e 3D do GeoGebra. Os referidos tópicos, ao serem trabalhados com o GeoGebra, puderam ser mais bem compreendidos, dada a possibilidade de construção, manipulação e visualização da figura geométrica do problema em várias dimensões.

Ao trabalhar com o *software*, percebemos que os estudantes utilizaram estruturas lógicas e intuitivas, ao interpretar as formas construídas para resolver o problema proposto. Este modelo de abordagem difere dos métodos tradicionais de ensino, que focam no uso exclusivo do livro didático e da repetição de exercícios.

Outro ponto a ser destacado é que, na etapa da validação da TSD, os estudantes construíram as representações geométricas em 2D e 3D e analisaram suas características, relacionando os elementos geométricos às descrições algébricas apresentadas nas janelas do GeoGebra. Percebemos que ao utilizarmos a TSD como teoria de ensino, o problema olímpico estruturado trouxe autonomia para os estudantes em seu pensar e na resolução da atividade proposta.

Assim, espera-se que essa proposta didática possa contribuir para o ensino da matemática voltado para a adoção de problemas utilizados em torneios olímpicos, para estimular diferentes formas de raciocínio matemático, bem como incentivar o docente ao uso do *software* GeoGebra, viabilizando a aprendizagem dos estudantes.

REFERÊNCIAS

ABREU, P. F.; BAIRRAL, M. A. O uso que professores de matemática fazem da informática educativa em suas aulas. In: BAIRRAL, M. A. (Org.). **Tecnologias informáticas, salas de aula e aprendizagens matemáticas**. Rio de Janeiro: Edur, 2010.

ALMOULOUD, S. A. **Fundamentos da didática da matemática**. Curitiba: Editora UFPR, 2007.

ALVES, F. R. V. Situações didáticas olímpicas (SDOs): ensino de olimpíadas de matemática com arrimo no software GeoGebra como recurso na visualização. **Alexandria: Revista de Educação em Ciência e Tecnologia**, v. 13, n. 1, p. 319-349, 2020.

ARTIGUE, M. Modélisation et reproductibilité en Didactiques des Mathématiques. **Les Cahier Rouge des Didactiques des Mathematiques**. v. 8, p. 1-38, 1984.

ANDRADE, A. M. **A geometria plana e espacial no ensino médio:** um contexto formal e não formal como espaço de aprendizagem. 242 f. Dissertação (Mestrado Profissional em Ensino de Ciências) Universidade Estadual de Goiás, Anápolis, 2019.

BADIA, A.; MENESES, J.; SIGALÊS, C. Teachers' perceptions of factors affecting the education use of ICT in technology-rich classrooms. **Electronic Journal of Research in Educational Psychology**, v. 11, n. 3, p. 787-808, 2013.

BROUSSEAU, G. Problème de didactique des décimaux. **Recherches en Didactiques des Mathématiques**, v. 2, n. 3, p. 37-127, 1981.

BROUSSEAU, G. **Théorisation des phénomènes d'enseignement des mathématiques**. (Thése d'État). Bourdeaux; Université Bourdeaux I, 1986.

BROUSSEAU, G. Fundamentos e Métodos da Didáctica da Matemática. In: BRUN, J. **Didática das Matemáticas**. Tradução de: Maria José Figueiredo. Lisboa: Instituto Piaget, 1996, cap. 1. (p. 35-11).

BROUSSEAU, G. **Introdução ao Estudo das Situações Didáticas:** Conteúdos e métodos de ensino. São Paulo: Ática, 2008.

CARRAPIÇO, F. Condicionalismos e potencialidades do uso das TIC no 1º ciclo do ensino básico, no Algarve (Portugal). Uma visão dos professores. **Investigación en la Escuela**, n. 95, p. 63-80, 2018.

FLORES, P.; ESCOLA, J.; PERES, A. O retrato da integração das TIC no 1º Ciclo: que perspectivas? **VII Conferência Internacional de TIC na educação – Challenges 2011**. Braga, 2011.

GIL, A. C. **Métodos e técnicas de pesquisa social**. São Paulo: Atlas, 2007.

MAIA, E. J.; PROENÇA, M. C. A resolução de problemas no ensino da geometria: dificuldades e limites de graduandos de um curso de pedagogia. **Revemat: Revista Eletrônica de Educação Matemática**, v. 11, n. 2, p. 402-417, 2016.

OLIVEIRA JÚNIOR, M. P.; PINHEIRO, H. M.; BARRETO, W. D. L. A case study on the application of problem solving techniques in Mathematics Olympiads to improve the teaching of the subject. **Research, Society and Development**, v. 11, n. 6, 2022.

SANTIAGO, P. V. S. **Olimpíada Internacional de Matemática:** situações didáticas olímpicas no ensino de geometria plana. 2021. 160 f. Dissertação (Mestrado Profissional em Ensino de Ciências e Matemática), Universidade Federal do Ceará, Fortaleza, 2021.

SCHEFFER, N. F.; HEINECK, A. E. Ambientes Informatizados de Aprendizagem na investigação de construções geométricas: uma experiência com professores do

Oeste Catarinense. **Caminho Aberto-Revista de Extensão do IFSC**, v. 3, n. 4, p. 16-22, 2016.

SOUSA, R. T.; AZEVEDO, I. F.; ALVES, F. R. V. Jogos de RPG: Uma proposta didática para aulas de Matemática. **Indagatio Didactica**, v. 12, n. 5, p. 329-344, 2020.

POLYA, G. **A arte de resolver problemas**. 2ª ed. Rio de Janeiro: Interciência, 2006.

CAPÍTULO 12

MATERIAIS MANIPULÁVEIS PARA O ENSINO DE GEOMETRIA: APLICAÇÕES DA SEQUÊNCIA FEDATHI

Roberto da Rocha Miranda
José Rogério Santana
Maria José Costa dos Santos

Resumo

Este trabalho traz a demonstração do Teorema de Pitágoras através de uma proposta didática guiadas pela Sequência Fedathi e desenvolvida com apoio de materiais manipuláveis. O objetivo deste trabalho é analisar a influência da Sequência Fedathi associada aos quadrinhos e o GeoGebra enquanto materiais manipuláveis, voltados para o ensino de Geometria. Utilizamos a metodologia de ensino Sequência Fedathi para execução da experiência didática. Os sujeitos pesquisados fora m alunos do 3° ano do Ensino Médio, da EEEP Antônio Valmir da Silva, Caucaia – CE. A atividade promoveu a mobilização de alguns conhecimentos prévios dos estudantes em Geometria, colocando-os em prática a partir da proposta com a utilização dos quadrinhos enquanto material manipulável.

Palavras-chave: Geogebra. Quadrinhos. Materiais manipuláveis. Sequência Fedathi.

INTRODUÇÃO

Há discussões sobre a Matemática ensinada nas escolas e sua centralidade no livro didático adotado, bem como sua ênfase a processos ainda mecanizados, o que em certas ocasiões pode comprometer o desenvolvimento lógico--matemático dos estudantes.

Faz-se necessário considerar os conhecimentos prévios dos alunos, para que o processo educativo seja fluido, com discussões e construção gradativa das soluções. Para efetivar mudanças no ensino, o professor pode buscar diferentes recursos didáticos que, alinhados às suas necessidades, possam promover um ambiente de reflexão crítica e solução de problemas matemáticos. Com relação ao campo da Geometria, algumas experiências docentes no Ensino Médio nos mostram o quanto grande parte dos estudantes possuem dificuldades em assimilar e aplicar conceitos neste tema.

Vergueiro (2012) identifica algumas formas de utilização dos quadrinhos para o ensino de Matemática, como: (i) introduzir um tema a ser explanado; (ii) aprofundar conceitos anteriormente estudados; (iii) estimular problematizações e discussões sobre um determinado tema. A escolha deste recurso didático permite ao professor criar contextos para o problema por meio de pequenas estórias, com desafios que instiguem os estudantes a seguir um percurso para a solução de problemas, trazendo a disciplina de Matemática de forma atraente, divertida e desafiadora.

Como aponta Carvalho (2006), o professor pode explorar ao máximo as potencialidades dos quadrinhos com diversos temas, como ângulos, figuras geométricas, visualização em perspectiva, o que permite variadas aplicações no ensino de Geometria, porém não se limitando apenas a ela. Partindo desta ideia, trazemos o uso de materiais manipuláveis dentro do próprio quadrinho, na perspectiva de Lorenzato (2006), que enfatiza que a partir deles os estudantes podem construir hipóteses e conjecturas, desencadeando diferentes soluções para um mesmo problema.

Também trazemos nessa proposta o uso do software GeoGebra para testar ou criar conjecturas que anteriormente foram formuladas no papel e com os materiais manipuláveis. A Geometria Dinâmica permite um movimento das variáveis, ampliando discussões acerca das hipótese construídas. Nesse sentido, Garry (2003) e Keyton (2003) apontam que o GeoGebra permite inúmeras experiências em um curto espaço de tempo, proporcionando a verificação de erros e diferentes simulações por meio de alterações das variáveis construídas.

O objetivo deste trabalho é analisar a influência da Sequência Fedathi associada aos quadrinhos e o GeoGebra enquanto materiais manipuláveis para o ensino de Geometria. Apresentamos o Teorema de Pitágoras através de uma atividade envolvendo estes recursos e a Sequência Fedathi foi adotada visando estimular o protagonismo dos estudantes, bem como sua curiosidade pela investigação de soluções de problemas.

Nas seções seguintes apontamos um referencial teórico trazendo as principais potencialidades dos quadrinhos no ensino de Matemática e uma breve descrição da Sequência Fedathi, norteadora da proposta elaborada, seguido da análise dos resultados e das considerações dos autores.

SEQUÊNCIA FEDATHI

A Sequência Fedathi (SF) é uma proposta teórico-metodológica elaborada e desenvolvida pelo Laboratório de Pesquisa Multimeios, na Faculdade de Educação da Universidade Federal do Ceará, sob a coordenação do professor Dr. Hermínio Borges Neto. Segundo Borges Neto (1999), a SF propões explanar um problema por meio de uma abordagem contextualizada, onde os estudantes buscam investigar seguindo os passos de um matemático, utilizando os dados da situação, experimentando estratégias, analisando erros e construindo o conhecimentos para construção da solução nesse percurso. Além disso eles também checam hipóteses e corrigem seus erros, quando necessário, visando consolidar um modelo generalizado.

Na Figura 1 temos uma síntese da relação professor-saber-aluno na formulação de um conhecimento, de acordo com a SF:

Figura 1: Relação Professor- Aluno-Saber na Sequência Fedathi

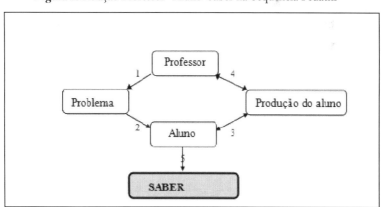

Fonte: Adaptado de Borges Neto *et al.* (2001).

De acordo com a Figura 1, o ensino é iniciado pelo professor, que deve selecionar um problema relacionado ao conhecimento a ser ensinado. Em seguida, o problema deve ser apresentado aos alunos, com uma linguagem adequada, enquanto o os alunos exploram-no, em busca de uma solução. A solução é analisada pelo professor junto ao grupo e ocorre o debate acerca desta, visando à formalização do saber via mediação entre o professor-saber-aluno. A Sequência Fedathi é composta por quatro etapas sequenciais e interdependentes: (a) Tomada de Posição; (b) Maturação; (c) Solução e (d) Prova, descritas brevemente como:

    (a) Tomada de Posição: Transposição de um problema matemático para o aluno. Não se trata de um enunciado, mas um modo de mostrar o problema. Também é estabelecido o contrato didático da atividade com o aluno.

    (b) Maturação: Desenvolvimento da atividade pelos estudantes sem a intervenção do docente. Espera-se que os estudantes pensem, tentem, errem e colaborem com seus colegas, pois assume-se a ideia de que a matemática é uma atividade coletiva.

    (c) Solução: formalização e confrontação matemática das ideias dos alunos. Trata-se da sistematização e organização do conhecimento, com uso de argumentos matemáticos por meio de contraexemplos (LAKATOS, 1978). Se a solução do aluno apresentar problemas, este deve retornar à fase de maturação.

    (d) Prova: Neste momento, a solução proposta pelo aluno é formalizada, e as ideias são mais uma vez revisadas.

A partir destas etapas, a Sequência Fedathi incentiva os estudantes a conhecer e dominar o conhecimento matemático a ser aprendido, dando-lhes condições necessárias para isso. As interações desenvolvidas entre o professor e os estudantes, nas etapas de maturação e solução em torno do saber são o grande diferencial nas aulas de Matemática. A seguir apresentamos o percurso da pesquisa, de acordo com a SF.

DESENVOLVIMENTO DA PESQUISA

A abordagem desta pesquisa foi qualitativa, posto que não enumera e/ou mede os eventos estudados, nem emprega instrumental estatístico na análise dos dados, mas sim a obtenção de dados descritivos sobre pessoas, lugares e processos, a partir do contato direto do pesquisador com a situação estudada (GODOY, 1995). Procuramos compreender os fenômenos segundo a perspectiva dos sujeitos envolvidos na situação.

A pesquisa desenvolvida trata de uma experiência de uma aula realizada com 45 estudantes do 3° ano do Ensino Médio da escola EEEP Antônio Valmir da Silva, no primeiro semestre de 2022. O experimento ocorreu em 04 sessões didáticas que exploraram conhecimentos de Geometria Plana com o uso de quadrinhos e o software GeoGebra, com base na proposta metodológica Sequência Fedathi.

Cada situação foi trabalhada de forma presencial, durante duas aulas geminadas (100 minutos), nos dois Laboratórios de Informática da escola. Para a prática, foram utilizadas cópias impressas das tirinhas, tesoura, régua e esquadro.

RESULTADOS E DISCUSSÃO: A VIVÊNCIA DA SEQUÊNCIA FEDATHI

Apresentaremos a aplicação SF em uma das sequências didáticas desenvolvidas. Este tópico objetiva mostrar aspectos relacionados às intervenções pedagógicas e as interações entre os estudantes, descritos de acordo com as etapas da Sequência Fedathi.

1ª Etapa: Tomada de Posição

Iniciamos a discussão com os estudantes ao entregar uma história em quadrinhos no formato de tirinha e apresentar paralelamente o software GeoGebra, permitindo que os estudantes conhecessem e explorassem suas ferramentas. A sala foi dividida em grupos, que tinham 20 minutos para a construção da solução da atividade, dialogada entre seus integrantes. Na Figura 2 temos o quadrinho distribuído aos estudantes:

Figura 02: Quadrinho inicial para criação do problema inicial

Fonte: Elaboração dos autores (2022).

Na Figura 2 a tira traz o Teorema de Pitágoras, onde o personagem principal tenta prová-lo por meio da construção de quadrados. Porém, ele não consegue e quebra a quarta parede para que o leitor da tirinha possa terminar este processo, desafiando o estudante a encontrar a relação pitagórica $a^2 = b^2 + c^2$. A partir da tirinha, a atividade proposta foi que os estudantes provassem o Teorema de Pitágoras.

2ª Etapa: Maturação

Os estudantes foram questionados sobre: "Como podemos construir o triângulo retângulo que conhecemos para que possamos encontrar a relação métrica do triângulo retângulo e por sua vez provar o teorema de Pitágoras?"

O processo inicial de construção da solução do problema pelos estudantes mostrou algumas dúvidas sobre a prova do Teorema de Pitágoras com os comandos fornecidos. Ao recortarem os três quadrados e medirem os lados de cada um deles, os estudantes conseguiram perceber que a área do quadrado maior é igual à soma das áreas dos outros dois quadrados menores, o que indicava um passo para a prova solicitada. Um modelo do recorte feito aparece na Figura 3:

Figura 3: Os quadrados da tira recortados e ordenados para formação do triângulo retângulo

Fonte: Elaboração dos autores (2022).

Para a construção da Figura 3, os estudantes pensaram um pouco mais para ordenar os quadrados para formação do triângulo retângulo. As medições registradas pelos estudantes foram 3, 4 e 5 cm, o que permitiu comprovar que $4^2 + 3^2 = 16 + 9 = 25$. Porém os estudantes ficaram instigados em comprovar isso, como a área dos dois quadrados menores poderiam ser transportados para a região que fica o quadrado maior. Para isso, eles fatiaram os quadrados menores em quadrados unitários, medindo com uma régua e dividindo dois lados consecutivos do quadrado 3 e 4 cm em 3 e 4 partes, respectivamente, e, a partir destas marcações, traçaram retas paralelas verticais e horizontais.

3ª Etapa: Solução

Diante das soluções apresentadas pelos grupos formados, trouxemos uma solução mostrando as etapas da solução, na qual escolhemos a Solução A.

Resgatando as reflexões e sugestões desde as concepções iniciais na maturação até a apresentação geral com todos os grupos.

Solução A	Discussão
	Na etapa de maturação, a partir da leitura da tira, os estudantes foram levados a recortar os quadrinhos para prova do teorema de Pitágoras. Assim, efetuando medições com régua, chegaram às medidas 3, 4 e 5 cm. Porém, foi levantada uma pergunta: Como podemos construir o triângulo retângulo que conhecemos para que possamos encontrar a relação métrica do triângulo retângulo e por sua vez provar o teorema de Pitágoras? Como recomendação, os quadrados foram manipulados como um quebra-cabeça para a construção do triângulo retângulo e da relação de Pitágoras.
	A dica dada pela tira para efetuar o corte dos quadrados permitiu aos estudantes chegar a esta construção, sem muito rigor matemático, e desenhar o triângulo retângulo a partir dos lados dos quadrados. Os estudantes perceberam que, algebricamente, era fácil de se chegar à relação de Pitágoras e buscaram provar isso concretamente. Foi indicado que eles dividissem as figuras em partes menores para montar o quadrado maior como um "quebra-cabeças".
	Os estudantes foram instigados a calcular como a área dos dois quadrados menores poderiam ser transportadas para a região que fica o quadrado maior, provando isso além da situação algébrica. Eles transformaram os quadrados menores em quadrados unitários. Para isso, eles mediram com uma régua dividindo dois lados consecutivos do quadrado 3 e 4cm em 3 e 4 partes respectivamente a partir dessas marcações traçar as retas paralelas verticais e horizontais consequentemente fatiando cada quadrados em quadrados unitários e todas as produções diferentes como indicados nas figuras ao lado. Ao lado, tem-se alguns modelos construídos pelos estudantes.
	Por fim, os estudantes fizeram a construção no GeoGebra para mostrar que a partir do material concreto criado pela tirinha, podemos explanar o raciocínio desenvolvido usando o software e seus recursos, comprovando que o quadrado inicialmente amarelo da tira é igual a soma dos outros menores, visto que os quadrados unitários somados resultaram 25 u.a, como previsto por eles.

Fonte: Dados da pesquisa (2022).

Podemos perceber que a Solução A está diretamente ligada ao modelo de construções geométricas. Percebemos a preocupação dos estudantes ao elaborar perguntas pertinentes, medir com exatidão e usar retas paralelas como apoio para construção pretendida. Estes estudantes mobilizaram e aplicaram conhecimentos de Geometria Plana para criar uma construção a partir do material concreto dado pela tirinha, além de construir a situação no software GeoGebra e experimentar suas ferramentas para solucionar o problema proposto.

O professor foi de suma importância para instigar as produções criativas e matematicamente justificadas. Nesta solução faltou a generalização do teorema a partir de um encadeamento lógico-matemático, mas os ganhos significativos com a prática puderam tirar as dúvidas, mostrar possibilidades e limitações do software e propiciar discussões riquíssimas para aprender de forma significativa.

4ª Etapa: Prova

Nesta etapa discutimos as soluções propostas pelos representantes dos grupos formados, onde alguns perguntaram como seria a solução correta elaborada pelo professor. Foi enfatizado que existem inúmeras soluções para este problema e observado que não existia erro na construção da solução A, mas que esta foi limitada, pois a construção possui faces laterais iguais a quadrados, sendo apenas uma solução para um caso específico.

Mostramos a Solução B como proposta de solução para esta atividade, pois além de incorporar as propriedades das bases hexagonais e faces laterais retangulares, mostra facilmente sua validade em razão das relações entre as circunferências (raio), a interseção dos objetos e a relação entre as retas paralelas construídas:

Os estudantes devem cortar da tira os três quadrados, que estão nas dimensões pitagóricas, para que não aja erro na construção, por isso o professor que imprimir cópias das tiras não deve alterar suas dimensões, para evitar possíveis contratempos na aplicação da prática.

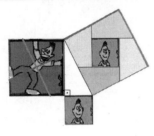

Construímos o triângulo retângulo **ABC**, com hipotenusa **AC** = **c** e catetos **AB** = **b** e **AC** = **a**. A partir do cateto maior, **AB**, construímos o quadrado **ABDE**. Depois traçamos as diagonais do quadrado **AD** e **BE** que determinam o centro deste a partir de sua interseção. Isto ocorre, pois, a interseção **O** destas diagonais representam o centro de uma circunferência circunscrita ao quadrado, e portanto, representam também o seu centro.

Em seguida traçamos o segmento **FG**, que passa por **O** e é paralelo à hipotenusa **c**. Traçando o segmento **IH**, que também passa por **O** e é perpendicular a **FG**, obtemos a divisão do quadrado **ABDE** em quatro outros quadriláteros congruentes.

É de fundamental importância que o estudante verifique isso, por meio de congruência de triângulos: basta transformar cada um dos quatro quadriláteros em dois triângulos e usando semelhança a partir de seus ângulos e lados, podemos pôr fim concluir a congruência de cada um dos quadriláteros.

Temos então que **EF** = **DI** = **BG** = **AH** = x e como **AB** = **AE** = b temos que **BH** = b − x.

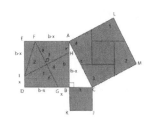

Observe ainda que os pontos ACGF são vértices de um paralelogramo, pois construímos seus lados sendo opostos e paralelos. Com isso, obtemos que:

$a + x = b - x$

$a = b - 2x \quad (2)$

Ao analisarmos o triângulo **EFI,** com hipotenusa igual a **e** e catetos de medida **x, b-x :**

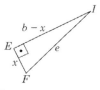

Temos que:

$e^2 = x^2 + (b-x)^2$
$e^2 = x^2 + b^2 - 2bx + x^2 \quad (2)$
$e^2 = 2x^2 - 2bx + b^2$

Veja que **e** é hipotenusa do triângulo **FOI** a seguir:

A partir desta construção, obtemos que:

$e^2 = f^2 + f^2$
$2x^2 - 2bx + b^2 = 2f^2$
$f^2 = \dfrac{2x^2 - 2bx + b^2}{2} \quad (3)$
$f = \sqrt{\dfrac{2x^2 - 2bx + b^2}{2}}$

A hipotenusa **c** do triângulo **ABC** é um dos lados do paralelogramo **ABGF** assim concluímos que c = 2f, isto é:

$c = 2\sqrt{\dfrac{2x^2 - 2bx + b^2}{2}}$
$c = \sqrt{4x^2 - 4bx + 2b^2} \quad (4)$

Agora veja que:

$c^2 = 4x^2 - 4bx + 2b^2$ e
$a^2 + b^2 = (b-2x)^2 + b^2 = 4x^2 - 4bx + 2b^2$

Logo, temos que:

$a^2 + b^2 = c^2$

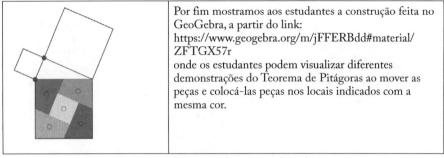

Por fim mostramos aos estudantes a construção feita no GeoGebra, a partir do link: https://www.geogebra.org/m/jFFERBdd#material/ZFTGX57r onde os estudantes podem visualizar diferentes demonstrações do Teorema de Pitágoras ao mover as peças e colocá-las peças nos locais indicados com a mesma cor.

Fonte: Elaboração dos autores (2022).

Após a discussão das soluções da atividade pelos estudantes, houve uma reflexão sobre todo o processo criativo desenvolvido. Eles tentaram reproduzir as soluções explanadas nas animações no GeoGebra mostradas pelo professor, desenvolvendo o fazer matemático, saindo de conjecturas para provas. Esta proposta didática com o uso de materiais manipuláveis colocou o aluno como um sujeito investigativo, reflexivo e participativo durante o processo de construção do conhecimento. O professor enquanto mediador teve papel importante na construção do saber matemático desenvolvido na atividade, no processo gradativo de percepção dos erros e da criação de novas conjecturas, testes e demonstrações, estimulando a criticidade e reflexão do aluno.

CONSIDERAÇÕES FINAIS

A Sequência Fedathi como metodologia para o ensino de Matemática contribuiu ao guiar o estudante no aprendizado, permitindo o uso de materiais manipuláveis associados à tecnologia, nos revelando possibilidades para uma prática exitosa.

A utilização do quadrinho como provocação inicial consistiu em uma forma de estimular a aprendizagem significativa, instigando o desenvolvimento da atividade por meio da experimentação ao solucionar problemas. A proposta da SF, neste caso, permitiu aos estudantes se familiarizar com conjecturas e demonstrações por diferentes perspectivas, o que permitiu um aprendizado direcionado, aproximando o estudante do conhecimento matemático e seus desdobramentos. Dentre as contribuições da atividade, temos o engajamento de toda a turma para resolução do desafio e as reflexões dos estudantes sobre o significado do Teorema de Pitágoras e sua demonstração.

Diante desta pesquisa, percebemos a importância de o professor conhecer diferentes recursos didáticos e articulá-los a uma metodologia de ensino como a SF, pois esta contribuiu para alavancar conhecimentos geométricos, problematizar, refletir sobre os passos executados e construir o diálogo entre o professor e os estudantes. Dessa forma, foi possível seguir os passos de um matemático, ao observar, criar, conjecturar e provar estratégias, possibilitando uma aprendizagem sistemática, lúdica e interativa.

REFERÊNCIAS

BORGES NETO, H.; DIAS, A. M. I. Desenvolvimento do raciocínio lógico-matemático no 1º Grau e Pré-Escola. **Cadernos da Pós-Graduação em Educação**: Inteligência–enfoques construtivistas para o ensino da leitura e da matemática. Fortaleza: UFC, 1999, v. 2.

CARVALHO, D. **A Educação está no Gibi**. Campinas: Papirus Editora, 2006.

GARRY, T. The Geometer's Sketchpad na sala de aula. In: VELOSO, E.; CANDEIAS, N. (Org.**). Geometria Dinâmica**: selecção de textos do livro Geometry Turned On! Lisboa: APM, 2003. p. 69- 78.

GODOY, A. S. Pesquisa qualitativa: tipos fundamentais. **Revista de Administração de Empresas**, São Paulo, v. 35, n. 3, p.20-29, 1995.

LAKATOS, I. **História da ciência e suas reconstruções racionais**. Lisboa: Edições 70, 1978.

KEYTON, M. Alunos descobrem a geometria usando software de geometria dinâmica. In: VELOSO, E.; CANDEIAS, N. (Org.). Geometria Dinâmica: seleção de textos do livro Geometry Turned On!, Lisboa: APM, 2003. p. 79-86.

VERGUEIRO, W. Uso das HQs no ensino. In:Rama, Â.; VERGUEIRO, W.(orgs). **Como usar as histórias em Quadrinhos na sala de aula.**4°.ed.1° reimpressão. São Paulo: Contexto, 2012, p.7-29.

CAPÍTULO 13

VIVÊNCIAS E CONVIVÊNCIAS DE *LESSON STUDY*: PRÁTICAS DE CÁLCULO DIFERENCIAL PARA PESSOAS COM DEFICIÊNCIA

Jorge Carvalho Brandão
Josiane Silva dos Reis
Juscelandia Machado Vasconcelos

Resumo

Este artigo apresenta a análise de dois matemáticos e uma psicopedagoga acerca das vivências de *Lesson Study* (LS) com estudantes com necessidades especiais em uma universidade federal, na disciplina de Cálculo Diferencial I. Dois discentes com deficiência visual (baixa visão) e um com Transtorno de Espectro Autista. Delimitamos o tópico esboço de gráficos para ilustrar a prática aqui descrita. A presença da psicopedagoga está associada a uma observação ativa dos discentes, para avaliar se ocorreu uma aprendizagem com significados. Este relato de experiência usou como metodologias de ensino a LS, a Aprendizagem Baseada em Problemas (ABP) e o método Van Hiele, considerando as vivências satisfatórias. Esta pesquisa ainda está em desenvolvimento, pois estes discentes serão acompanhados em outras disciplinas que tenham o Cálculo Diferencial I como pré-requisito, como Cálculo Diferencial II e Elementos de Equações Diferenciais, haja vista comprovar se as estratégias geraram, de fato, aprendizagem com significado, bem como se ocorreu uma transmissão de saberes em via dupla, de docentes para discentes, a partir de suas particularidades.

Palavras-chave: Lesson Study. Cálculo Diferencial. Transtorno do Espectro Autista. Deficiência visual.

INTRODUÇÃO

Sendo docente de turmas de Fundamentos de Cálculo para Engenharias, disciplina anual, com 128 h/a, contemplando conteúdos como limites, derivadas e integrais (técnicas de integração, integrais impróprias e aplicações), tive a oportunidade de trabalhar com discentes com necessidades educacionais especiais. Mais precisamente, em uma das turmas havia duas discentes com baixa visão. Também ministrei uma disciplina no período de férias estudantis da instituição (entre janeiro e fevereiro) ela disciplina adaptando-a para um discente com Transtorno de Espectro Autista (TEA). Por ocasião da especificidade, a turma ficou limitada a 15 discentes.

O presente trabalho indica de maneira metódica e sucinta estratégias apresentadas visando contemplar tanto discentes com Necessidades Educacionais Especiais (NEE) quanto demais discentes presentes, e aparentemente sem nenhuma necessidade especial, nas respectivas turmas. Com efeito, não é possível ministrar aulas exclusivamente para um ou dois discentes se, em breve, tais discentes estarão no mercado de trabalho atuando em conjunto com outras pessoas.

A elaboração das estratégias passou por cinco profissionais: três matemáticos e dois psicopedagogos. Justifica-se a quantidade de profissionais porque, entre as adaptações (que serão descritas na metodologia) optou-se por trabalhar usando softwares e ambientes virtuais. Enquanto docente atuei em ambos os ambientes sendo auxiliado por um par (matemático e psicopedagogo) para virtual e outro par de profissionais para o presencial.

Desta feita, este trabalho tem como *objetivo principal* apresentar conjunto de métodos utilizados em turmas de Cálculo Diferencial I tendo a presença de discentes com necessidades educacionais especiais, tendo o aporte e suporte do *Lesson Study*.

Como pergunta norteadora pode-se destacar *as estratégias conjuntas usadas para contemplar discentes com e sem necessidades educacionais especiais são eficazes?* Ou seja, como saber se os conteúdos foram de fato assimilados? Houve perda de *qualidade* na forma de ensino, e de aprendizagem, pelos demais discentes, se comparados com as outras turmas com sujeitos sem, aparentemente, necessidades educativas especiais?

VIVÊNCIAS E CONVIVÊNCIAS DE *LESSON STUDY*: PRÁTICAS DE CÁLCULO DIFERENCIAL...

Repare que frequentemente uso a expressão *aparentemente sem necessidades educativas especiais*. Com efeito, conforme será descrito no percurso metodológico, as NEE não estão atreladas a um grupo de sujeitos com um estigma: ou deficiência visual ou Transtorno de Espectro Autista (TEA) ou com deficiência auditiva etc. Essa expressão pode, a meu ver, ser estendida para aqueles discentes que, por exemplo, ingressam em um dos cursos de engenharias ou exatas *achando* que sabem matemática.

Diante das ações promovidas visando contemplar as discentes com deficiência visual, constatei que havia discentes que argumentavam como certas expressões do tipo: $(a + b)^2 = a^2 + b^2$ ou $1/(a + b) = (1/a) + (1/b)$. Uma maneira de contornar e superar tais dificuldades foi a forma de se expressar matematicamente (sugestão dada por um dos psicopedagogos). A seguir, apresento brevemente referencial utilizado neste artigo.

REVISÃO DE LITERATURA

Dado que a vivência está associada ao *Lesson Study*, vale informar que outras metodologias também foram incorporadas para que o conteúdo fosse adaptado para discentes com necessidades educacionais especiais.

O processo *Lesson Study* ("*Jugyokenkyu*") é oriundo da cultura escolar japonesa, iniciado no século passado. Conforme Fernandez (2002) o referido processo pode indicar: estudo, pesquisa, investigação da lição ou da aula, ou ainda, o estudo de uma tarefa. Reforça Edda Cury (2021, p. 2):

> É uma política pública do país e está inserida na cultura oriental. Envolve um processo dinâmico e colaborativo de planejamento, observação e reflexão sobre a aula. Tem como objetivos melhorar as aprendizagens dos estudantes e o desenvolvimento profissional de professores uma vez que este processo de trabalho não abrange apenas aspectos cognitivos dos participantes, mas valoriza também os aspectos afetivos e relacionais (CURY, 2021, pag.2)

Para este trabalho o significado do *Lesson Study* (doravante LS) é Estudar Aula. O LS é caracterizado por Yoshida (1999) como um processo que tem como etapas de maior destaque o planejamento, o ensino, a observação e a análise das aulas, objetivando uma aprendizagem de qualidade para o discente, tornando-o protagonista do seu conhecimento, capaz de assumir papel ativo e autônomo em sua aprendizagem. O *"Lesson Study* é um processo de desenvolvimento profissional de professores cada vez mais utilizado em diferentes níveis de ensino"(PONTE *et al.*, 2016, p. 869). Segundo os autores, o LS precisa ser desenvolvido de maneira colaborativa e reflexiva entre os professores ou grupo de docentes.

As três etapas principais do LS, conforme Araújo, Ribeiro e Fiorentini (2017) são planejamento, desenvolvimento e análise. No planejamento há a estruturação da aula e da tarefa a ser desenvolvida de maneira colaborativa e coletiva entre os docentes; na segunda parte ocorre o desenvolvimento da aula, em que o docente da disciplina leciona a tarefa elaborada na etapa anterior, sendo observado pelos demais colegas, que fazem registros focando na aprendizagem dos alunos. Por fim, há o ato de, a partir das observações feitas, analisar, refletir e discutir entre os docentes a aula ministrada.

Vale ressaltar que deve ocorrer, quando necessário, modificações e/ou complementações visando melhorias, podendo ser desenvolvidas novamente na mesma turma ou em outra de mesmo nível (PONTE *et al.*, 2012; COELHO; VIANNA; OLIVEIRA, 2014).

Dito isto, os processos constituintes do LS geram uma espiral, onde são revistas estratégias de ensino, mas com uma ação docente mais crítica e reflexiva, ocasionada pela experiência vivenciada, na qual o trabalho de colaboração é pautado por uma questão norteadora advinda dos professores (FIORENTINI, 2013).

Cegueira pode ser a perda total da visão e as pessoas acometidas dessa deficiência precisam se utilizar dos sentidos remanescentes para aprender sobre o mundo que as cerca. Gil (2000) indica que a *baixa visão* é a incapacidade de enxergar com clareza, mas trata-se de uma pessoa que ainda possui, de alguma forma, sua capacidade visual, que, apesar do auxílio de óculos ou lupas, a visão se mostra baça, diminuída ou prejudicada de algum modo.

Vale ressaltar que ambas as discentes eram cegas do olho esquerdo e usavam fonte *Arial Black* tamanho *18* para suas atividades escritas. Por sua vez, cada uma delas sentava-se em locais opostos na sala de aula: na primeira fila, sendo uma na extremidade esquerda e a outra na direita. Segundo elas, isto era necessário dada a luminosidade ou reflexo da escrita do pincel (na cor preta) no quadro branco. Primeira particularidade a observar enquanto docente: passei a usar apenas a parte central do quadro branco. No percurso metodológico apresento outras estratégias atreladas à vivência em sala de aula.

Em relação ao Transtorno de Espectro Autista (doravante TEA) de acordo com a 67ª reunião do *World Health Organization*, realizado em Genebra em 2014 (WHO, 2014), o Transtorno do Espectro do Autismo é caracterizado por dois grupos de sintomas para o diagnóstico, tendo como base a presença dos critérios abaixo:

- Déficit de comunicação/interação social: déficit na reciprocidade das interações, nos comportamentos não-verbais, dificuldade de desenvolver e/ou manter relacionamentos;

- Presença de um padrão repetitivo e restritivo de atividades, interesses e comportamentos: estereotipias (ecolalia, ex.), insistência no mesmo, adesão estrita a rotinas, interesses restritos e/ou incomuns, hiper/hipo reatividade a estímulos sensoriais.

O ensino de matemática para o referido público em nível superior é carente de pesquisas. Em tese recente defendida na Universidade de Aveiro, Portugal, Santos (2018) traz uma discussão sobre as tecnologias digitais no apoio ao desenvolvimento do raciocínio matemático de alunos com perturbação (ou transtorno) do espetro do autismo, contemplando o correspondente no Brasil ao Ensino Fundamental I.

Analisando os referenciais de Santos (2018) percebi que não há citação de trabalhos voltados para o Ensino Médio ou Ensino superior que atrele Matemática e TEA. Investigando banco de teses de universidades brasileiras, como da Universidade Federal de São Carlos (UFSCar), que têm programas de Mestrado e Doutorado em Educação Especial, também não obtive registros.

Todavia, visando contextualizar conteúdos, cada aula iniciava com uma situação problema. A Aprendizagem Baseada em Problemas (ABP), segundo Barell (2007), é um método de ensino que se baseia na utilização de problemas como ponto inicial para adquirir novos conhecimentos. A curiosidade leva à ação de fazer perguntas diante das dúvidas e incertezas sobre os fenômenos complexos do mundo e da vida cotidiana. Nesse processo, os alunos são desafiados a comprometer-se na busca pelo conhecimento, por meio de questionamentos e investigação, em busca de respostas.

Por sua vez, como saber se as respostas apresentadas estão coerentes? Caso errem na resolução dos problemas, como analisar tais erros? Cury (2007) atesta que esse método serve para a análise das respostas de estudantes. Como categoria de análise, as respostas são separadas em "totalmente corretas", "parcialmente corretas" e "incorretas", fazendo a contagem do número de respostas de cada tipo. Algumas vezes, dependendo do tipo de questão e de resposta, encontram-se apenas duas classes, respostas corretas ou erradas.

O método Van Hiele (1986), a seguir descrito, foi um dos norteadores para as atividades que usavam material concreto para construção de conceitos, principalmente atrelados às derivadas. A teoria de Dina e Peter Van Hiele, adaptada para pessoas com deficiência visual por Brandão (2010) e revisitada por Lira e Brandão (2013), refere-se ao ensino e aprendizagem da Geometria. Esta teoria, desenvolvida nos anos 50 do século XX, propõe uma progressão na aprendizagem deste tópico através de cinco níveis cada vez mais complexos, sendo esta determinada pelo ensino. Conforme esta teoria, há cinco níveis de aprendizagem em Geometria: visualização (nível 0), análise (nível 1), ordenação (nível 2), dedução (nível 3) e rigor (nível 4).

Por fim, e não menos importante, há a avaliação. Hoffmann (2001) indica que o ato de avaliar tem como interpretação cuidadosa e abrangente das respostas do aluno frente a qualquer situação de aprendizagem, sendo necessário entendê-la como acompanhamento de uma trajetória.

Luckesi (2005), ao se referir às funções da avaliação, alerta para a importância de o avaliador estar atento à sua função ontológica, que é a de diagnosticar. Ela representa a base para uma coerente tomada de decisão, visto que se trata do meio de encaminhar os atos subsequentes, na perspectiva de uma situação positiva em relação aos resultados almejados. Além de diagnosticar, a avaliação tem a função de propiciar a autocompreensão do nível e das condições em que se encontram, tanto o educando quanto o educador.

Esta *mescla* de teorias é que chamo de *eclética*, pois não segui literalmente e a todo instante uma única sequência de estratégias, conforme descrevo no tópico a seguir. A única que foi mais explicitada, por ocasião dos momentos em conjunto com o grupo (matemáticos e psicopedagogos) foi LS.

CAMINHADA METODOLÓGICA E ANÁLISE DE DADOS

O presente estudo caracteriza-se como um *estudo de caso*, que configura uma estratégia escolhida ao se examinar acontecimentos contemporâneos. Entretanto, a riqueza do fenômeno e a extensão do contexto da vida real exige que o pesquisador enfrente uma situação tecnicamente distinta, pois existirão muito mais variáveis de interesse do que pontos de dados (YIN, 2010).

Dentre estas variáveis, pode-se destacar: uma das discentes com baixa visão tinha uma boa base matemática e adentrou na instituição tão logo concluiu o Ensino Médio. A outra discente havia concluído esta etapa escolar em 2010 e tinha muito déficit na disciplina de Matemática.

Ambas tiveram acesso aos mesmos recursos tecnológicos. Entretanto, apenas uma participou mais ativamente das atividades propostas, como momentos de *reforço* de conteúdos, ou aulas-extra com monitores e/ou orientandos de pós-graduação, em que uma era mais assídua do que a outra. Eram realizadas atividades semelhantes para discentes com perspectivas distintas, haja vista uma delas querer continuar no curso escolhido enquanto a outra ter interesse em mudar (embora o Cálculo seja uma disciplina obrigatória em qualquer curso pretendido pela jovem).

Para saber se atividades desenvolvidas com estas discentes não comprometeriam o desempenho em relação ao todo, isto é, em relação às outras turmas, considerei uma turma como controle. O critério de escolha foi a turma de controle ter os mesmos dias de aula em relação à turma estudada (uma turma era às segundas e quartas das 08h00min às 10h00min e a outra de 14h00min às 16h00min).

Outro fator: ambas as turmas continham 60 estudantes matriculados. Na turma de controle segui meu padrão de ensino, a saber, apresentava uma situação problema inicial que servia de estímulo para introdução de um determinado conceito. Exemplo: *Durante uma gripe atribuída às aves, na Ásia, pesquisadores recomendaram que os aviários fossem construídos em grandes galpões refrigerados (...) cada produtor construía seu aviário usando telas de arame com 20 metros de comprimento (desconsiderar altura as telas). Se o formato de cada aviário era retangular, quais as medidas do retângulo de maior área?*

Tradução: dentre todos os retângulos de perímetro 20 metros, qual possui maior área? Esta "tradução" foi consequência da intervenção de uma das psicopedagogas após apresentação da situação-problema (gripe das aves). Com efeito, há discentes que entendem o enunciado a partir de um "comando" direto: faça isso, resolva aquilo etc.

Neste caso específico, uma estratégia para resolução foi solicitar que construíssem retângulos com as medidas dadas para o perímetro. Lógico, após discentes argumentarem que o problema solicita a área de um retângulo de perímetro conhecido. Tabelas foram confeccionadas a partir de valores sugeridos pelos discentes. E eles notaram que, quanto mais próximas eram as medidas dos lados, maior era a área. Ou seja, a resposta *tendia* para um quadrado.

Por sua vez houve quem afirmasse que um quadrado não poderia ser um retângulo. Assim sendo, foram confeccionados vários quadriláteros usando papeis. Em seguida, os discentes eram convidados a identificar os tipos de quadrilátero presentes. Para tanto, segui as estratégias de Van Hiele (1986) e Lira e Brandão (2013). Não tive tal preocupação na turma de controle. Motivo: segui meu planejamento de aulas *tradicionais*.

Aproveitei a oportunidade, dado que discentes estavam compreendendo conceitos de quadriláteros e fiz a seguinte pergunta: como se lê: $(a + b)^2$? Muitos discentes responderam *"a" mais "b" ao quadrado*, sem dar pausa na fala.

Em seguida perguntei: e como se dá a leitura de $a + b^2$? *Impressionados* alguns responderam o mesmo anterior. É claro que sendo expressões distintas a leitura matemática deveria ser distinta.

Assim sendo, introduzi produtos notáveis indicando primeiro a figura geométrica associada para então expressar o algebrismo. Entendendo: $(a + b)^2$ recomendei que lessem o quadrado de (lados de medidas) "a" mais "b". Para $a + b^2$ a ideia foi a junção de um retângulo de área "a" (sim, a = a x 1 – logo, retângulo de lados "1" e "a") com um quadrado de lado "b", sendo esta uma sugestão da psicopedagoga, para tornar mais significativa a ação docente.

Reparem a metodologia *eclética*: inicialmente apresentei uma situação problema contextualizada, em seguida trabalhei com análise de erros, dado que havia discentes que não entendiam como um quadrado ser um retângulo. Assim, usei Van Hiele para analisar o nível dos discentes.

Vale ressaltar que as atividades eram contínuas e continuadas, ou seja, não se encerrava em uma única aula conteúdo abordado. Entendendo: fazendo um recorte no tempo, os produtos notáveis que usei para dedução da derivada de x^n, sendo n número inteiro e positivo, também foi revisto o conteúdo para ensinar técnicas de integração, por exemplo integrais de $1/f(x)$ nos casos de $f(x) = x^2 + 6x + 9$, em seguida $f(x) = x^2 + 6x + 8$ ou $f(x) = x^2 + 6x + 10$.

Ressalta-se que integrais de funções do tipo $f(x) = 1/(ax^2 + bx + c)$, sendo a, b e c reais, com a diferente de zero estão atreladas, entre outras aplicações, às reações químicas entre dois elementos (químicos). Daí um dos estímulos para inserção da referida técnica de integração. Ou no caso das técnicas de integração por substituição trigonométrica quando no integrando há raiz quadrada de uma expressão do tipo $ax^2 + bx + c$, com a $\neq$ 0. Expliquei o motivo da técnica envolver substituição trigonométrica (e, ocasionalmente, substituição por função hiperbólica).

Deduzi, usando vários papeis 60kg de formato retangulares, o porquê de $\Delta = b^2 - 4ac$, sendo geometricamente interpretado como retirar de um quadrado de lado b quatro retângulos de lados a e c e reconstruí a figura para a compreensão de $\Delta > 0$ (formar retângulo), $\Delta = 0$ (formar quadrado) e $\Delta < 0$ (precisar completar para gerar retângulo). Nesse meio, fiz discentes manipularam três exemplos de cada caso antes de abstrair.

A Figura 1 traz uma ilustração para $x^2 + 6x + 9$. Deve-se considerar que a unidade 1 é uma medida arbitrária. No caso, escolhi minha unidade como sendo um quadrado de lados iguais a três centímetros (para facilitar manipulação das discentes com baixa visão). Optei por usar papel na cor amarela.

O x, que é retângulo de lados iguais a x e a 1, ou seja, dado pelo produto de x por 1, usei um retângulo com medidas 12 cm por 3 cm. Optei por papel na cor vermelha. E o quadrado de lado x, ou seja, x^2, era papel no formato 12 cm por 12 cm. Usei cor verde.

Vale ressaltar que inicialmente tentei usar o material dourado. No caso do $x^2 + 6x + 9$ interpreta-se como uma tábua, junta com seis varetas e nove cubinhos. Desvantagem observada: como interpretar, por exemplo, $x^2 - x$? Se "+" representar inserir, juntar, então "–" significa retirar. E como retirar do material dourado? Recortar a peça? Foi daí que surgiu a necessidade de inserir papeis. A região sombreada da Figura 2 indica $x(x - 1)$ como resultado de $x^2 - x$:

Figura 1: Esboço de $x^2 + 6x + 9$.

$X^2 = X \cdot X$	$X = X \cdot 1$	$X = X \cdot 1$	$X = X \cdot 1$
$X = X \cdot 1$	$1 = 1 \cdot 1$	$1 = 1 \cdot 1$	$1 = 1 \cdot 1$
$X = X \cdot 1$	$1 = 1 \cdot 1$	$1 = 1 \cdot 1$	$1 = 1 \cdot 1$
$X = X \cdot 1$	$1 = 1 \cdot 1$	$1 = 1 \cdot 1$	$1 = 1 \cdot 1$

Fonte: Elaboração dos autores (2023).

Figura 2: Esboço de $x^2 - x$.

$X^2 - X$
$X = X \cdot 1$

Fonte: Elaboração dos autores (2023).

Material concreto e geoplano foram utilizados para auxiliar a compreensão de retas tangentes, de partições de regiões abaixo de uma função contínua $y = f(x)$, acima do eixo x e limitada lateralmente pelas retas $x = a$ e $x = b$, com $a < b$.

Talvez o grande diferencial tenha sido a forma de apresentação dos conteúdos. Não obstante material concreto, conforme já citado, o conteúdo era descrito pelo menos de três formas distintas. A saber: (1) verbalizava o que seria apresentado; (2) escrevia um resumo no quadro branco, após explanação verbal; (3) uma foto do que estava escrito era tirada e postada em grupo de WhatsApp; (4) fazia gravação de áudio, no referido grupo. Áudio não excedendo dois minutos para cada foto apresentada. O grupo de WhatsApp foi criado para acompanhar as duas jovens. Para não excluir demais estudantes, solicitei que os demais 58 fizessem grupos (de WhatsApp) com no máximo dez discentes. Cada grupo de discentes indicava um representante para ter acesso ao meu grupo (que me incluía e as duas pessoas com deficiência visual).

Em relação às avaliações, as duas discentes com deficiência visual faziam cada uma delas avaliações em dois momentos. As avaliações escritas eram realizadas em dias de quarta-feira. Assim, no primeiro momento, na segunda-feira, e individualmente, cada uma realizava um diálogo presencial com docente. Eram indagadas sobre conteúdo visto até momento, se elas reconheciam o conteúdo diante de alguma situação problema (ou seja, era lido um texto no qual discente tinha uma cópia em Arial Black 18).

Discente deveria indicar elementos estudados (por exemplo, se no texto há a indicação de que a taxa de crescimento de uma dada população é diretamente proporcional à quantidade presente em dado instante, discentes deveriam informar que taxa significa... ser proporcional equivale a...). Na terça-feira, ou seja, um dia após diálogo/avaliação oral, usava-se a ferramenta WhatsApp para dialogar, em grupo, outras situações problemas ou questões de livros didáticos.

Na quarta-feira, dia da avaliação escrita, enquanto os demais discentes recebiam uma prova com cinco questões, sendo duas contextualizadas, isto é, com textos para serem interpretados e resolvidos, e três questões de cálculo direto (ou derivação ou integração), as discentes com deficiência visual recebiam uma prova com três questões. Uma questão contextualizada (pois a outra já havia sido avaliada oralmente diante do diálogo na segunda) e duas de cálculo direto.

Observei que, comparando as notas médias das duas turmas, a turma onde estavam presentes as discentes com NEE teve média final 6,4 enquanto a outra a nota foi 5,7. A taxa de aprovação foi, respectivamente, 72% e 62%. Mas, o que é importante, e ainda não foi analisado, dado que o foco foi observar as discentes, é fazer uma análise dos erros de todas as questões de todos os discentes. Com efeito, repito, o foco foi adaptar conteúdos para discentes com deficiência visual, sem excluir demais discentes da turma. Assim sendo, será que as adaptações foram significativas para demais discentes?

Em relação ao discente com TEA, as mesmas atividades foram realizadas com a turma a qual estava matriculado. Não tive dados satisfatórios porque discente faltou muitas das aulas. Mas, nas que esteve presente, pude observar, em conjunto com demais colegas, que tem uma leitura de gráficos muito rápida, embora tenha dificuldades em gerar tais gráficos usando softwares.

Houve pouca participação no grupo de WhatsApp o que também dificultou uma análise mais aprofundada e, por conseguinte, uma adaptação melhor para sua especificidade. Vale ressaltar que, em ambas as turmas, o grupo de profissionais (três matemáticos e dois psicopedagogos) sempre se reunia antes das aulas e imediatamente depois de cada atividade proposta.

CONSIDERAÇÕES FINAIS

Neste relato não tenho condições de informar as 27 adaptações realizadas durante o desenvolvimento da disciplina, contemplando desde interpretações de produtos notáveis, passando por interpretação geométrica da derivada até técnicas de integração. O que consegui relatar é para mostrar que é um desafio contemplar discentes com necessidades educativas especiais incluídos em salas regulares, sem excluir demais discentes sem aparentemente ter NEE.

Também não abordei a inclusão na instituição a qual trabalho. Um dos motivos: ser professor é ser desafiado a encontrar formas alternativas de ensinar os mesmos conteúdos aos diferentes discentes, pois cada um, independentemente de ser portador de NEE, tem um ritmo de aprendizagem.

Fica um questionamento: individualmente, será que as adaptações foram significativas para cada discente, independentemente de ter ou não ter NEE? Desta feita, concluo este relato com questionamentos para pesquisas futuras: (1) Fazer uma análise dos erros de cada discente e (2) acompanhar alguns dos discentes em disciplinas futuras, como Cálculo Vetorial e Equações Diferenciais Ordinárias para assegurar se estratégias foram, ou não foram, satisfatórias.

REFERÊNCIAS

ARAÚJO, W. R., RIBEIRO, M., FIORENTINI, D. Lesson study no grupo de sábado: o prelúdio de uma tarefa desenvolvida no subgrupo do ensino médio In: **Anais do VII Congresso Internacional de Ensino em Matemática**, Canoas, 2017

BARELL, J. **Problem-Based Learning. An Inquiry Approach**. Thousand Oaks: Corwin Press. 2007.

COELHO, F. G.; VIANNA, C. C. S S.; OLIVEIRA, A. T. C.C. A metodologia da Lesson Study na formação de professores: uma experiência com licenciandos de matemática. **VIDYA**, v. 34, n. 2, p. 1-12, 2014.

CURI, E. Lesson Study: Contribuições para Formação de Professores que Ensinam Matemática. **Perspectivas da Educação Matemática**, v. 14, n. 34, p. 1-19, 2021

CURY, H. **Análise de erros:** o que podemos aprender com as respostas dos alunos. Belo Horizonte: Autêntica Editora, 2007.

BRANDÃO, J. **Matemática e deficiência visual.** Tese (Doutorado). Universidade Federal do Ceará, UFC - Faculdade de Educação, 2010.

BRASIL. **Programa Nacional de apoio à educação de pessoas com deficiência visual:** Orientação e Mobilidade – Projeto Ir e Vir. Brasília: MEC/SEE, 2002.

BRASIL. **Diretrizes Curriculares Nacionais Gerais Da Educação Básica/** Lei 9394/96 Em 20 de dezembro de 1996. Ministério da Educação. Secretaria de Educação Básica. Diretoria de Currículos e Educação Integral. Brasília: MEC, SEB, DICEI, 1996.

FERNANDEZ, C. Learning from Japanese approaches to professional development: The case of lesson study. **Journal of Teacher Education**, v. 53, n. 5, p. 393-405, 2002

FIORENTINI, D. Learning and Professional Development of the Mathematics Teacher in Research Communities. **Sisyphus Journal of Education**, v. 1, n. 3, p. 152-181, 2013.

FREIRE, P. **Pedagogia da autonomia:** saberes necessários à prática educativa. 31ª ed. São Paulo: Paz e Terra, 2005.

GIL, M. (org.). **Deficiência visual**. Secretaria de Educação a Distância, BRASIL: MEC, 2000.

HOFFMANN, J. **Avaliação mito e desafio:** uma perspectiva construtivista. Porto Alegre: Educação & Realidade, 2001.

LEE, C. **Language for learning mathematics, assessment for learning in practice.** Berkshire: Open University Press, 2006.

LIRA, A. K.; BRANDÃO, J. **Matemática e Deficiência Visual.** Fortaleza: Editora da UFC, 2013.

LUCKESI, C. **Avaliação da Aprendizagem na Escola:** reelaborando conceitos e criando a prática. 2ª ed. Salvador: Malabares Comunicações e eventos, 2005.

PONTE, J. P., *et al*. O Estudo de Aula como Processo de Desenvolvimento Profissional de Professores de Matemática. **Boletim de Educação Matemática**, v. 30, n. 56, p. 868-891, 2016.

SANTOS, M. I. G. **As tecnologias digitais no apoio ao desenvolvimento do raciocínio matemático de alunos com perturbação do espetro do autismo.** Universidade de Aveiro (Tese de Doutorado), 2018.

VAN HIELE, P. M. **Structure and insight:** a Theory of Mathematics Education. Academic Press, 1986.

VYGOTSKY, L. S. **A formação social da mente**. São Paulo: Martins Fontes, 1996.

VYGOTSKY, L. S. **Pensamento e linguagem.** São Paulo: Martins Fontes, 2003.

YIN, R. K. **Estudo de caso:** planejamento e métodos. Tradução Ana Thorell, revisão Técnica Cláudio Damacena. 4ª ed. Porto Alegre: Bookman, 2010.

YOSHIDA, M. Lesson study [Jugyokenkyu] in elementary school mathematics in Japan: A case study. In: **American Educational Research Association (1999 Annual Meeting)**, Montreal, Canada. 1999.

POSFÁCIO

Este ebook apresenta contribuições e possibilidades para o ensino e aprendizagem de matemática, em sua formação inicial ou continuada. Agrega publicações no campo dos espaços formativos que dizem respeito aos professores, seja no campo de Formação de Professores que Ensinam Matemática, no desenvolvimento profissional, na Formação Inicial, na Formação Continuada, em relação ao saber, a aprendizagem, suas crenças e trajetórias de vida, inclusão, conhecimento matemático, uso da tecnologia e Políticas Publicas e as avaliações em larga escala. Está dedicado, portanto, aos professores em formação ou exprientes que desejam atualizar suas agendas sobre as teorias Didática da Matemática, Didática Profissional, bem como abordagens metodologicas de ensino, e metodologia de pesquisa como Engenharia Didática.

OS AUTORES

ANA KARINE PORTELA VASCONCELOS

Docente no Instituto Federal de Educação, Ciência e Tecnologia do Estado do Ceará (IFCE) *campus* Paracuru. Docente no programa de Pós-Graduação em Ensino da Rede Nordeste de Ensino (RENOEN-IFCE). Docente do programa de Pós-Graduação em Ensino de Ciências e Matemática (PGECM-IFCE).

ANA PAULA AIRES

Professora Auxiliar na Universidade de Trás-os-Montes e Alto Douro (UTAD – Portugal). Pesquisadora Membro do Centro de Investigação Didática e Tecnologia na Formação de Formadores – CIDTFF - (Universidade de Aveiro).

ANDREIA GONÇALVES DA SILVA

Licencianda em Matemática pelo Instituto Federal de Educação, Ciência e Tecnologia do Ceará (IFCE) *campus* Cedro.

ARNALDO DIAS FERREIRA

Docente e Colaborador Interno da Secretaria de Educação do Estado do Ceará (SEDUC).

CARLA PATRÍCIA SOUZA RODRIGUES PINHEIRO

Docente e Coordenadora Escolar da Secretaria de Educação do Estado do Ceará (SEDUC).

DANIEL BRANDÃO MENEZES

Docente Associado da Universidade Estadual do Ceará (UECE).

DIEGO DA SILVA PINHEIRO

Docente Associado da Universidade Estadual do Ceará (UECE).

EDMILSON SANTOS DE OLIVEIRA JÚNIOR
Mestre em Educação Científica e Formação de Professores pela Universidade Estadual do Sudoeste da Bahia (UESB).

ELEN VIVIANI PEREIRA SPREAFICO
Docente da Universidade Federal do Mato Grosso do Sul (UFMS).

FRANCISCA CLÁUDIA FERNANDES FONTENELE
Docente Adjunta na Universidade Estadual Vale do Acaraú (UVA).

FRANCISCA NARLA MATIAS MORORÓ
Coordenadora Escolar da Secretaria Municipal de Pires Ferreira.

FRANCISCO JOSÉ DE LIMA
Docente do Instituto Federal de Educação, Ciência e Tecnologia do Ceará – IFCE *campus* Cedro. Líder do Grupo de Pesquisa em Ensino e Aprendizagem junto (CNPq).

FRANCISCO RÉGIS VIEIRA ALVES
Docente do Instituto Federal de Educação, Ciência e Tecnologia do Estado do Ceará – IFCE *campus* Fortaleza. Docente do programa de Pós-Graduação em Ensino de Ciências e Matemática (PGECM-IFCE). Coordenador do Programa de Doutorado em Ensino RENOEN (Rede Nordeste de Ensino – Polo IFCE).

JOÃO NUNES DE ARAÚJO NETO
Docente do Instituto Federal de Educação, Ciência e Tecnologia do Ceará (IFCE) *campus* Cedro. Doutorando em Engenharia de Processos pela Universidade Federal de Campina Grande (UFCG). Doutorando em Ensino pelo programa de Pós-Graduação em ENSINO da Rede Nordeste de Ensino (RENOEN-IFCE).

JORGE CARVALHO BRANDÃO
Professor da Universidade Federal do Ceará (UFC) e docente do Doutorado em Ensino RENOEN (UFC).

JOSÉ ROGÉRIO SANTANA

Docente Associado da Faculdade de Educação e Docente do Programa Rede Nordeste de Ensino (RENOEN) da Universidade Federal do Ceará (UFC).

JOSIANE SILVA DOS REIS

Doutoranda do Programa de Pós-Graduação em Ensino da Rede Nordeste de Ensino (RENOEN), polo Universidade Federal do Ceará (UFC), Professora de Matemática da Rede Estadual de Ensino do Estado do Pará.

JÚNIO MOREIRA DE ALENCAR

Docente do Instituto Federal de Educação, Ciência e Tecnologia do Ceará (IFCE) *campus* Juazeiro do Norte.

JUSCELANDIA MACHADO VASCONCELOS

Doutorando do Programa de Pós-Graduação em Ensino da Rede Nordeste de Ensino (RENOEN), polo Universidade Federal do Ceará (UFC), Bolsista da Coordenação de Aperfeiçoamento de Pessoal de Nível Superior (CAPES).

MARIA JOSÉ COSTA DOS SANTOS

Docente Associada da Universidade Federal do Ceará (UFC).

MARLUCE ALVES DOS SANTOS

Docente Titular da Universidade do Estado da Bahia (UNEB). Líder do Grupo de Pesquisa em Educação Matemática e Contemporaneidade (EduMatCon).

MILENA CAROLINA DOS SANTOS MANGUEIRA

Doutoranda em Ensino no programa de Pós-Graduação em Ensino da Rede Nordeste de Ensino (RENOEN-IFCE). Bolsista do Conselho Nacional de Desenvolvimento Científico e Tecnológico (CNPq).

PAULA MARIA MACHADO CRUZ CATARINO

Docente Assistente do Departamento de Matemática da Universidade de Trás-os-Montes e Alto Douro (UTAD – Portugal). Pesquisadora Membro do Centro de Investigação Didática e Tecnologia na Formação de Formadores – CIDTFF - (Universidade de Aveiro).

PAULO VÍTOR DA SILVA SANTIAGO

Doutorando em Ensino no programa de Pós-Graduação em Ensino da Rede Nordeste de Ensino (RENOEN-IFCE). Docente Efetivo da Secretaria de Educação do Estado do Ceará (SEDUC).

RENATA PASSOS MACHADO VIEIRA

Doutoranda em Ensino no programa de Pós-Graduação em Ensino da Rede Nordeste de Ensino (RENOEN-UFC). Docente Efetiva da Secretaria de Educação do Estado do Ceará (SEDUC). Bolsista da Fundação Cearense de Apoio ao Desenvolvimento Científico e Tecnológico (FUNCAP/CE).

RENATA TEÓFILO DE SOUSA

Doutoranda em Ensino no programa de Pós-Graduação em Ensino da Rede Nordeste de Ensino (RENOEN-IFCE). Docente Efetiva da Secretaria de Educação do Estado do Ceará (SEDUC).

ROBERTO DA ROCHA MIRANDA

Doutorando em Ensino no programa de Pós-Graduação em Ensino da Rede Nordeste de Ensino (RENOEN-IFCE).

ROGER OLIVEIRA SOUSA

Docente da Universidade Estadual do Ceará (UECE).

ROSALIDE CARVALHO DE SOUSA

Doutoranda em Ensino no programa de Pós-Graduação em Ensino da Rede Nordeste de Ensino (RENOEN-IFCE). Docente Efetiva da Secretaria de Educação do Estado do Ceará (SEDUC). Bolsista do Conselho Nacional de Desenvolvimento Científico e Tecnológico (CNPq).

TIAGO TOMÉ LIMA

Licenciado em Matemática pelo Instituto Federal de Educação, Ciência e Tecnologia do Ceará (IFCE) *campus* Cedro.

ULISSES LIMA PARENTE

Docente Associado da Universidade Estadual do Ceará (UECE).

Impresso na Prime Graph
em papel offset 75 g/m²
fonte utilizada adobe caslon pro
fevereiro / 2024